JN100294

低燃費のための

タイヤの基礎知識

馬庭孝司

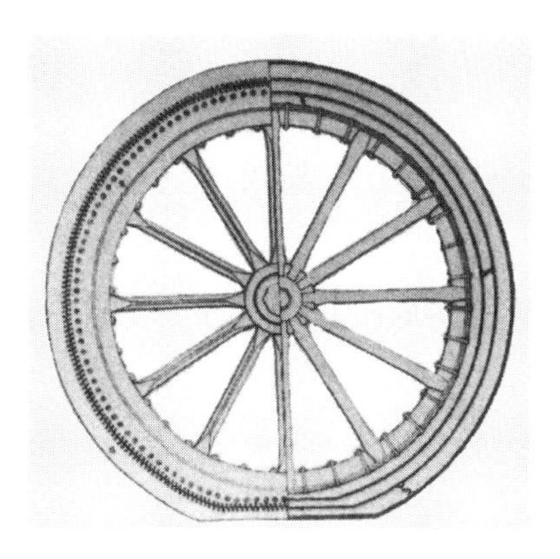

グランプリ出版

はじめに

自動車産業は今、環境対応技術と安全技術の確立という二つのテーマを中心に、百年に一度という大きな変革の時代に入っていると言われています。タイヤ業界では、2010(平成22)年に低転がり抵抗性と濡れた路面での走行安全性を兼ね備えた“低燃費タイヤ”の“ラベリング制度”を世界に先駆けて発足させてその普及に努めており、2017年には新車装着タイヤ、一般市販タイヤともにそのほとんどがこの仕様になり今日に至っています。

本書はこの低燃費タイヤを主なテーマとし、主材料であるゴムの発見から始めて現在に至るタイヤの歴史をたどりながら、その成り立ちと特徴を述べ、乗用車用タイヤについての理解を深めていただくことを願ってまとめました。

経済産業省は2018年４月に「自動車新時代戦略会議」を設置、我が国自動車産業が世界のイノベーションをリードし、環境問題の解決などに積極的に貢献していくための戦略について検討を進めています。

その中間整理として、同年７月に「日本は2050年までに、世界で供給する日本車のxEV(電動車)化を進め、世界最高水準の環境性能を実現し、究極のゴールとして、世界のエネルギーの製造から車の走行までの温室効果ガスの排出をゼロにする“Well-to-Wheel Zero Emission”にチャレンジする方針」を打ち出しました[1)]。“Well”とは石油採掘のための井戸を、“Wheel”は車輪、タイヤを装着した自動車を意味し、世界で販売される、商用車等を含む日本車の１台当たり温室効果ガスを８割程度、そのうち乗用車は９割程度削減(xEV100％を想定)を目指しています。

具体的な目標として、年号が平成から令和になった2019年６月、2030年度を目標に25.4km/ℓを基準値とする乗用車の新たな燃費基準が提示されました[2)]。この新燃費基準は、2016年度実績比で32.4％、2020年度燃費基準の水準(推定値)との比較で44.3％という極めて厳しいものです。

乗用車の燃費改善の取り組みが始まったのは1973(昭和48)年10月に起こった石油危機がきっかけでした。燃費にはエンジンをはじめ多くの要因がかかわっていますが、タイヤの寄与率はクルマが一定の速さで走っているとき20〜25%、発進・停止のある市街地走行では７〜10%と言われています。その低減対策が本格的に行われるようになったのは1980年代に入ってからで、以来、低燃費タイヤの開発はタイヤメーカー各社の最重要技術課題となって現在に至っています。

タイヤ販売店やカー用品店などで売られている乗用車用タイヤのうち、ラベリング制度に基づく低燃費タイヤ(エコタイヤ)の占める割合は、販売の始まった2010(平成22)年の21.7%から急激に増え、2018年には80.7%に達しました[3)]。当然のことながら、新車に装着されているタイヤは車種によって程度は異なりますが、全て低燃費性能に配慮したものになっています。

低燃費タイヤは、これまでのタイヤと比べて転がり抵抗が小さく、燃費が向上することはよく知られています。しかし、具体的にどのようなタイヤなのか、転がり抵抗が小さくなるのはなぜか、燃費をよくするにはどのように使えばよいのかなどの低燃費タイヤについての情報は乏しく、周知されていないように思われます。

タイヤは自動車の唯一路面と接する部品であり、燃費はもとよりクルマのほとんどあらゆる性能に大きな影響を与えます。その働きについてはいくつかの見方がありますが、下記５つの基本的な機能が考えられます。

① 空気とその圧力によってクルマの重量(質量)を<u>支える</u>
② 路面との間の摩擦力によって、エンジンからの駆動力・ブレーキからの制動力・ステアリングによって生じる旋回力を路面に<u>伝える</u>
③ ゴムの柔らかさと空気の弾性によって路面からの衝撃を<u>和らげる</u>
④ ホイールと一体になってクルマを<u>装う</u>
⑤ 路面の状態を<u>探る</u>

そしてこれらの機能に加えて、近年、タイヤには耐久性・耐摩耗性の向上、転がり抵抗・騒音の低減など、省資源、省エネルギー、環境改善や、クルマの安全性、快適性を高めるための性能向上が求められています。

こうしたタイヤの働きを踏まえ、本書では次のように記述を進めています。
・第1章 ゴム産業の始まり：新大陸からもたらされたゴム製品の有用性に気付いたヨーロッパの人々が、ゴムをどのように処理すればその特徴を生かした製品ができるのかを模索し、独特の加工技術が生まれました。小規模に行われてきたゴム製品の製造は産業革命を背景にゴム工業へと発展します。
・第2章 空気入りタイヤの誕生：空気入りタイヤは1845年に馬車用としてイギリスで発明されましたが量産には至らず、43年後の1888(明治21)年にチューブを入れた自転車用として実用化されました。その経緯をたどります。
・第3章 乗用車用タイヤの変遷：20世紀に入って量産の始まったガソリン自動車には初期の段階から空気入りタイヤが標準装着されました。弱点だった耐久性を材料の強化と加工方法の工夫によってほぼ克服したタイヤは、バイアスからラジアルへと構造が変わり、21世紀に入って高性能タイヤ、低燃費タイヤへと進化します。
・第4章 タイヤの種類と構造：乗用車用タイヤについて、その構造、規格、種類など概要をまとめました。
・第5章 タイヤ用ゴムの成り立ち：タイヤの性能特性に決定的な影響を与えるゴム。弾性に富み、伸び縮みする性質はどのようにして生じるのか、そのメカニズムの解明から始めて原料ゴム、補強剤などの配合技術やゴム製品の製造工程を紹介します。
・第6章 タイヤの転がり抵抗：燃費をよくするにはタイヤの転がり抵抗を小さくしなくてはなりませんが、その転がり抵抗はどのように生じるのか、これを小さくするにはどうすればよいのかをまとめました。
・第7章 タイヤと路面の摩擦：ゴムと路面の摩擦のメカニズムは通常の固体間の摩擦とは異なる特有なもので、摩擦力の大きさはゴムの性質と路面の状態にに左右されます。まず乾燥した路面におけるタイヤの摩擦について考え、濡れた路面、雪や氷に覆われた路面での摩擦へと話を進めます。

・**第８章 低燃費タイヤの特性**：通常のゴムのタイヤで転がり抵抗を小さくすると、同時に路面との摩擦力も小さくなり、濡れた路面で滑りやすくなるという問題が生じます。低燃費タイヤには、低い転がり抵抗と同時に、濡れた路面での摩擦力確保が可能な新しいゴムの開発が必要でした。その経緯を述べます。

・**第９章 様々なタイヤ**：近年とくに注目されている超偏平タイヤ、モータースポーツ用タイヤ、スペアタイヤ、ランフラットタイヤを紹介し、CASE〈C(Connected＝つながる)、A(Autonomous＝自動化)、S(Shared＝シェアリング)、E(Electric＝電動化)〉とタイヤの関係について考えます。

・**第10章 タイヤと空気圧**：環境にやさしいタイヤの使い方の要点は、空気圧を適正に保つことと、４本のタイヤが同時に交換時期を迎えることができるよう上手にローテーションを行うことです。

本書は低燃費タイヤを中心に、クルマの安全・安心を支えているタイヤについて、できるだけ多くの方々に知っていただきたいという願いから、本文を全90項目に分け、各項目を分かりやすいように見開き２頁にまとめました。通して読み進めていただくことを前提としていますが、とくに関心のある項目から読んでいただいてもよいように配慮したつもりです。低燃費タイヤを手掛かりとして乗用車用タイヤ全般についての理解を深めていただくことができれば幸いです。

目　次

第7章　タイヤと路面の摩擦………………………………………… 147

凡　例

・タイヤ用語はJATMA（日本自動車タイヤ協会）の出版物に用いられている用語を用いました。
・ゴム用語は日本ゴム協会編『ゴム用語辞典 第３版』に、自動車用語は三栄書房の自動車情報事典『大車輪』に従いました。
・人名の読みについては、ウェブサイト日外アソシエーツ提供の「外国人名読み方字典」に拠っています。
・参考文献及び注記は、用いた個所の文末の句読点の前、文字の右肩に「12)」のように番号を付け、巻末の「参考文献・注記」の同番号の項に記しました。
・本書は歴史から説き起こしていることもあり、その当時は日本はどんな時代だったかをお伝えしたい部分には西暦に加え和暦も併記しました。
・文章中の単位の表記については、読みやすさを考慮して統一していないものもあります。

第1章
ゴム産業の始まり

近年、日本では1年間に約130万トンの原料ゴムが消費されており、そのうちの約80％がタイヤに使われています。そしてタイヤを原材料の構成比で見ると、天然ゴムが約30％、合成ゴムが約20％、合わせて約50％がゴムです。

人類の歴史の上で、天然ゴムからつくられた製品を最初に用いたのは、紀元前1500年頃中米メソアメリカ*に誕生したオルメカ文明でした。

伸び縮みしてよく弾み、水を透さないという特異な性質をもつこの素材は、産業革命が始まる直前の18世紀中頃ヨーロッパにもたらされ、その特徴を生かして様々な家庭用品・工業用品がつくられました。そしてゴム製品の製造技術は19世紀中頃にほぼ基礎が固まり、ゴム工業は産業の一分野を占めるに至ります。

＊メソアメリカ：スペインによる統治が行われる以前に、マヤ文明・アステカ文明に代表される様々な文明が栄えた地域。「メソ」はギリシア語の「mesos（中央にある）」に由来する。

1. タイヤとゴム

タイヤに占めるゴムの割合

日本のゴム製品製造業に占めるタイヤ産業の割合を、2019年(平成31年～令和元年)の原料ゴム消費量で見ますと、ゴム製品合計132万トンのうち106万トン(80%)がタイヤ、26万トン(20%)が非タイヤとなっています。原料ゴムの実に8割はタイヤに使われているのです[1)]。

また、同じ2019年における自動車タイヤの原材料とそれらの重量比は、図1-1に示すように、①原料ゴム51%、②補強材(カーボンブラック、シリカ)24%、③タイヤコード14%(スチール11%、テキスタイル3%)④配合剤(加硫剤、老化防止剤、充てん剤など)6%、⑤ビードワイヤー(スチール)5%となっています。

タイヤに使われているゴムは①原料ゴムに②補強材と⑤配合剤を混ぜ合わせた配合ゴムなので、この3つを加えると、実質的にはタイヤの81%はゴムということになります。

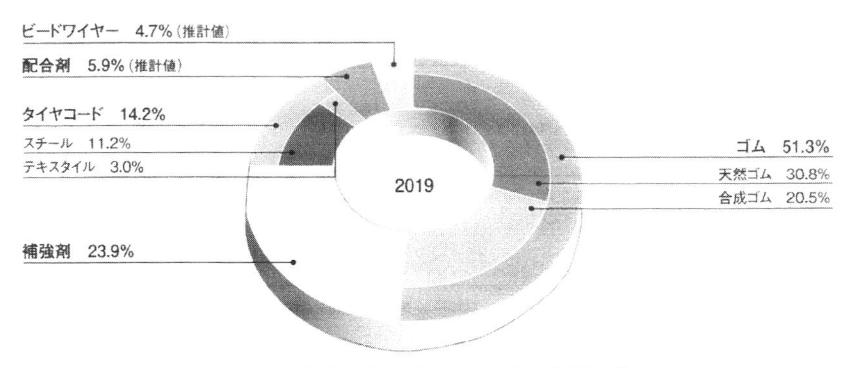

図1-1　自動車タイヤの原材料と重量比[1)]　資料：JATMA

トレッドゴムで決まるタイヤ性能

タイヤには支える、伝える、和らげる、装う、探るの5つの基本的な働きがありますが、その性能特性は「伝える：路上を転がりながら、エンジンが生み出すクルマを進める力やブレーキに生じるクルマを止める力、ステアリングによって生じる旋回力を路面に伝え、トレッドにかかる上下左右前後の力をホイールを通してサスペンションに伝える働き」がどの程度かによってほぼ決まります。その主役は言うまでもなく路面に接しているトレッドゴムです。

タイヤと路面の摩擦力のことを英語では「しっかりつかむ」ことを意味する「グリップ」と表現していますが、タイヤの「伝える」働きは、そのほとんどをこのグリップに依存しています。とくに雨に濡れた道路や雪道などの滑りやすい路面では、トレッドゴムの材質と溝の深さによってグリップの善し悪しが決まることを知らない人はいないでしょう。クルマの燃費に大きな影響を与えるタイヤの転がり抵抗の大きさも、そのほとんどがこのトレッドゴムの材質と量によって決まると言えます。

ゴムとは何か

タイヤの約50%を占める原料ゴムですが、そのルーツは中米の古代メソアメリカ文明にあり、18世紀中頃にヨーロッパにもたらされ、近代的なゴム産業が始まったのはイギリス産業革命末期の19世紀中頃になってからのことです。二度の世界大戦を通じて、軍需物資としての合成ゴムの研究が国運をかけて欧米を中心に行われ、近年は低燃費タイヤとスタッドレスタイヤの開発を通じて、ゴムの性能特性の探求と新しいゴムの開発が急速に進んでいます。

ゴムとは『広辞苑』第六版に「【gom(オランダ)・護謨】力を加えると大きく変形し、その力を除くとすぐに元の形状に戻る性質をもつ物質の総称。ゴム植物の分泌液を主原料とする天然ゴムと石油などを原料とする合成ゴムとがある。弾性に富み、用途はタイヤ・チューブ・ホース・ベルト・防水布・玩具・靴・電気絶縁物など。弾性ゴム。蛮語箋(1798年)「ギュッテー」」と示されています。

その基本的な性質は日本ゴム協会編『ゴム技術入門』に「①大きく伸び縮みする、②柔らかい、③よく弾む」とあります[2)]。

ゴムについては、これまでに積み重ねられてきた膨大な技術開発の実績があり、その成果が今日のゴム技術を支え、将来のタイヤ技術の可能性を支えています。まずはゴムの歴史をたどってみましょう。

2. 天然ゴムの発見

世界最古のゴム

2010(平成22)年夏から2011年秋にかけ、京都文化博物館ほか日本各地の博物館で特別展「古代メキシコ・オルメカ文明展　マヤへの道」が開催されました[3)]。オルメカ文明は、紀元前1500年頃、メキシコ湾南岸の熱帯雨林に発達したメソアメリカ(中米)自生の古代文明で、この特別展はその全貌を明らかにし、マヤ文明の起源をたどる日本で初めての展覧会でした。

この文明を築いたのは、１万2000年以上前の氷河期、ベーリング海峡がまだなく、アジア大陸とアメリカ大陸が陸続きだったころに、アジア大陸から北アメリカに渡り、暮らしやすい気候を求めて南下したモンゴロイドの人々で、オルメカ文明は後のメソアメリカ全ての文明の起源となった“母なる文化”とされています。

古代メソアメリカ文明は石器を主要利器とした、きわめて洗練された“石器の都市文明”で、他の文明のように金属利器が実用化されることはありませんでした。またオルメカ文明はメソアメリカで最初に石造記念碑を創造した文明で、大規模な土木工事でも名高く、高さ３m、重さ50tにおよぶ巨石人頭像、玉座、石碑などの石彫が有名です[4)]。

図 1-2　ラ・ベンタ遺跡の巨石人頭像[3)]

この展覧会には巨石人頭像をはじめ、神像、ヒスイの仮面、土器、土偶など、およそ130点が展示されましたが、中に世界最古のゴムボールがありました。図録の解説によると、この黒いゴムの球は紀元前1600～1000年頃のエル・マナティ遺蹟から出土した７つのうちのひとつで、最も大きなものは直径31cmもあり、精巧に磨かれた良質の石斧46個とともに発見されました。

イチジクやセイヨウタンポポのように、幹や茎に傷をつけると切り口から乳白色の汁(ラテックス)が出る植物があります。その汁には、集めて乾かすとゴムになる成分が含まれており、そのような植物は、地球上に2000種類以上も存在するとされています[5]。メキシコのINAHベラクルス州センターの研究によると、この最古のゴムボールはゴムの木(パナマラバーツリー)からとった樹脂からつくられており、ゴムの弾力性を大きくするためか、ヨルガオの樹液が加えられていました。これは後にアメリカのグッドイヤーが発見したゴムの強化法を先取りしたものではないかと言われています。

生き物のように弾むボール

オルメカのゴムボールがどのような経緯で生まれたのかは不明ですが、このボールは太陽を象徴するもので、祭儀や儀式としての球技に使用されたと考えられています。まったくの想像ですが、このボールは最初、オルメカの人々が土地利用のためジャングルを切り開いている中で、切り倒したゴムの樹の切り口に付着している黒い塊として見つかり、これがまるで生き物のように弾むことから、当時の人々は何か神秘的な力が宿っていると考え、宗教に関わる行事に使い始めたのではないでしょうか。

球技が行われたのはI字型の広場で、多くは両端が閉鎖されていますが、開放されている球技場もありました。球技は少人数の２チームで競われる宗教・政治活動兼スポーツで、選手は用具を身に着け、ひとつの硬いゴム球を、尻や身体の他の部分に打ち当てて、球技場の相手チーム側の端に入れる競技、得点板に当てる競技、ホッケーのようにスティックを使う競技、手を使う競技などがありました[4]。

図1-3　ゴム球[3]

直径18.0～20.0cm
紀元前1600～1000年頃

3. ゴム文化を育んだ文明

メソアメリカ文明

オルメカはかつて名高いゴムの生産地で、後の14世紀にメキシコ盆地に王国を築いたアステカ人は、ナワトル語で“オルマン”(ゴムの地)と呼んでいました。“オルメカ”はこのオルマンから派生したスペイン語の呼称です[4)]。メソアメリカ文明はこのオルメカに始まり、メキシコ中央部からホンジュラス、ニカラグア周辺までの範囲に広がった古代文明ですが、アメリカ大陸にはもうひとつ、南米の中央アンデスに独自に生まれたアンデス文明があります。

古代文明については世界史で、メソポタミア文明(チグリス・ユーフラテス河)、エジプト文明(ナイル河)、インダス文明(インダス河)及び黄河文明(黄河)が世界四大文明であり、大河流域の肥沃な平野で営まれた農耕や牧畜の中から文明が発生したと学ばれた方が多いのではないでしょうか。『古代メソアメリカ文明』の筆者、青山和夫氏は、この四大文明にメソアメリカ文明とアンデス文明を加えて、世界六大文明とする歴史観を提唱されています。鉄のない“石器の都市文明”と言われるメソアメリカ文明は、他の文明にない独自のゴム文化を育んでおり、この世界六大文明説に共感を覚えます。

コロンブスの発見

ゴムボールを使っての球技は球技場で催されましたが、空き地や街路でも行われたと考えられています。球技場はメソアメリカだけでなく、中央アメリカ南部、北米西南部、カリブ海域に広く分布していました[4)]。イタリアの航海者で、新大陸の発見者コロンブスが、1493年(戦国時代の明応２年)、17隻の船に約1500人のスペイン人を乗せ、先住民との交易や金鉱開発を目的に西インド諸島へ２回目の航海を行ったとき、ハイチで住民がゴムボールで遊んでいるのを見たというのはこのことでしょう。

メソアメリカでは、この球技用ボールのほかに、ランプ、壺、容器、洗浄器、玩具、胸あて、矢筒、防水布、靴、太鼓の桴(ばち)など、様々なゴム製品がつくられ、日常生活に使われていました[6)]。古代アメリカ文明は、アジア、ヨーロッパ、アフリカの三大大陸とは繋がりのない、孤立した環境にあって独自の進化を遂げており、ゴムの文化はメソアメリカ特有のものです。コロンブスのあと、スペインをはじめヨーロッパ各国の人々がカリブ海沿岸を訪れ、土産品としてこれらの品々や生ゴムを持ち帰ったと思われますが、珍品として扱われるにとどまり、実用品として使われることはありませんでした。

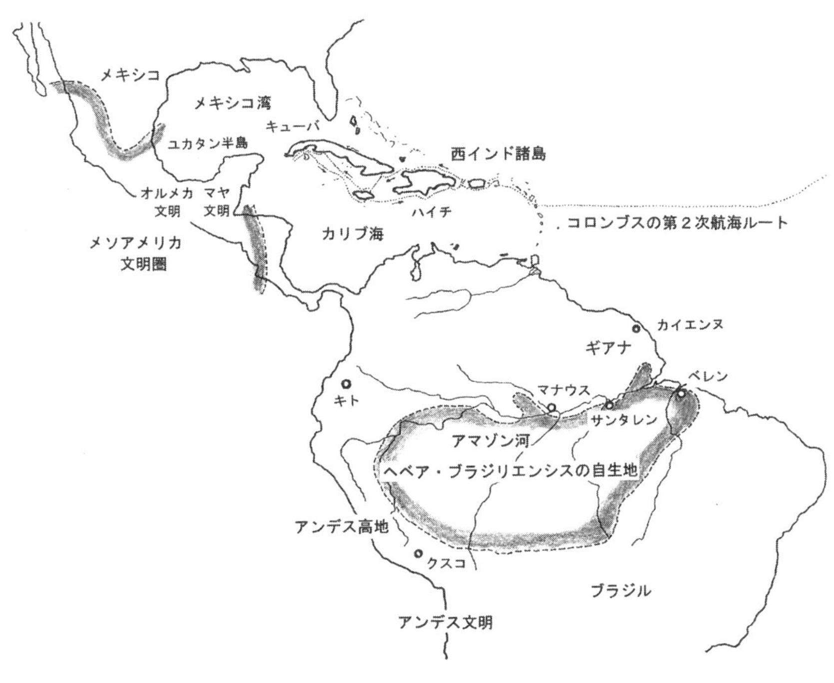

図 1-4　天然ゴム文化圏概念図[7)]

ヘベア・ブラジリエンシス

ゴムとなる樹液(ラテックス)を出す植物はメキシコ、中米、西インド諸島、南米に広く分布していますが、最も良質のラテックスが採れるのはヘベア樹(じゅ)、学名ヘベア属ブラジリエンシス種の樹(き)で、アマゾン河本流の右岸、河の南側だけに分布しています[7)]。

4. 新大陸からの珍品

コンダミーヌのレポート

コロンブスの新大陸発見から250年近く経った1735年(江戸中期の享保20年)、地理学者シャルル・マリー・ド・ラ・コンダミーヌが地理探査を目的としたフランスの学術探検隊に加わり、アンデス高地のキトへ赴きました。そして、様々な調査・研究活動を行っている中で、住民が、ある種の樹の皮に切り込みを入れ、そこからにじみ出るミルクのような白い液(ラテックス)から、黒くて弾力性のある種々の家庭用品をつくっていることに気が付きました。

現地の人々がこの樹脂の塊を、木の意味のcaoと涙を意味するtchuを合わせてカウチュと呼んでいたことから、ラ・コンダミーヌはフランス語でこれを"カウチュク"(caoutchouc)と名付けました[8]。

1744年、調査を終えたコンダミーヌは帰国にあたってキトの東からアマゾン河を下り、仏領ギアナのカイエンヌで長年にわたって調査研究を行っていた同じフランス人のフランソワ・フレスノーから、カウチュクについて多くの詳しい情報を得ました。そして帰国ののち、1745年の科学アカデミー会報に、それまでヨーロッパに存在しなかったこの新素材について、世界初となる研究論文を発表しました。その結果、柔軟で弾力性がある上に水を通さず、自由な形の製品となりうるこの新素材は、金属や木材などと同様、多くの工業製品を生む可能性がある天然資源と認められ、様々な分野の科学者や技術者、発明家などがその製品化研究に取り組み始めました。

輸入された天然ゴム

フレスノーはギアナのフランス植民地政庁に勤務し、アマゾン地方の植物について調査を行っていたエンジニアで、特異な性質をもつこの素材に興味をもって研究を進め、詳細な調査記録を残しています。

住民は"エヴェ"と呼ばれるゴムの木の樹皮に小さい斧で切れ目を入れ、にじみ出てくる乳白色の液(ラテックス)を集めて布や粘土でつくった型などに塗り付け、煙で燻し固めて防水布や瓶などをつくっていました[9]。フレスノーはこれに倣い、1747年、古着にラテックスを塗って防水着をつくったほか、長靴などを試作し、ゴムが有用な物品の素材であることを確かめています。

しかし、ラテックスは容器に溜め、放置しておくと、表面から固まって腐敗がはじまるため、これを母国フランスに運んで製品にすることはできそうにありませんでした。その後アマゾン流域や中米から輸入されたゴムは、黒い球や板、棒など様々な形をした固形物で、これをどのように実用品に加工するかは大きな問題でした。

天然ゴムの採集

まとまった量のゴムをつくるのは大変な仕事でした[7)]。野生のゴムの樹は高温多雨のジャングルの中に散在しており、その分布は平均して１エーカー(約4000㎡)あたりに１本、大まかに言えば約60m四方に１本程度と言われていました。実際の作業は、まず早朝に住まいを出て、密生した草木を掻き分けて歩き回り、ゴムの樹を見つけては皮に切れ目を入れ、ラテックスを受けるカップを置いて一旦家に帰ります。

ラテックスの流出は２～３時間で止まるので、頃合いを見計らって先ほどコップを置いた樹を探し、溜まったラテックスを集めて回るわけですが、これまた大変な作業です。

ラテックス液に含まれる30～40％のゴム成分をとりだすには、先に述べたように煙で燻して固める方法がとられました。火をたいて煙を出し、その煙の中で棒やへらなどの形をした木型を回しながらラテックスを少しずつ注いで水分を飛ばし、ゴムを固めるわけです。この作業は魚の燻製と同様、ゴムとともに含まれているタンパク質の腐敗を防ぐ効果がありました。

5. 初期のゴム製品

プリーストリーと消しゴム

フランスの科学者によって発見されたゴムは、折から産業革命が始まったイギリスにもたらされ、ゴムはフランス語の“カウチュク”から英語の“ラバー”と呼ばれるのが一般的になりました。

その経緯(いきさつ)については、イギリスの科学者ジョセフ・プリーストリーが、1770年、パン屑の代わりに生ゴムを用いて鉛筆の字が消せることを発見、英語のrub（こする）から、“こするもの”としてrubberと命名したというのが定説となっています。プリーストリーは150以上の著作を出版し、イギリスではニュートン以来最大の科学者とも言われる有名な人で、とくに気体を体系的に研究し酸素を発見したことで知られています。このことについて『世界最初事典』の「文房具・玩具」の項に次のような記述があります[10]。

「最初の消しゴム　ジョーゼフ・プリーストリーが1770年にロンドンで出版した著書『遠近法の理論と手法入門』の中で言及したのが最初である。同書の補遺でプリーストリーはこう書いている。「本書が出版されて後に、黒鉛の鉛筆で書いたものを消すのにうってつけの物を見かけた。画家のあいだだけで使われているらしく、王立取引所向かいのネアン氏の製図用具店で売られている。約1.3センチ四方の立方体１個が３シリングで、４～５年使えるという」」。

伝記によると、プリーストリーはこのとき37歳、聖職者としてリーズに住み、この時期は毎年ロンドンに出かけて友人や出版者に会い、王立協会の会合に出席していました。この補遺の文から、先に述べたrubber命名の話が生まれたと思われます。

生ゴムからつくられた製品

コンダミーヌによって、ゴムという水を通さず、小さな力でよく伸び、力を除くとすぐに元に戻るという性質をもった新素材“india-rubber”がヨーロッパにもたらされ、少しずつ輸入されるようになりました。ただし、その品質は一定ではなく、最上質のゴムは“ファイン パラ”と呼ばれてビスケットのような形のものでしたが、粗悪品の“コース パラ”はゴムのチップや紐のようなスクラップを丸めてボール状にしたもので、"ネグロヘッド"と呼ばれていました。また、生産地によって梱包形状や名称が異なり、ゴムのシートを大きな塊に丸めたもの、厚い板状や棒状のゴムなど様々でした[11]。

こうした状態で輸入されるゴムをどのように処理すればその特徴を生かした製品ができるのか、多くの人たちがその研究に取り組みます。

まず考えられたのが、これを揮発性のある溶剤に浸して軟らかくするか、溶かして製品の形にし、溶剤を蒸発させて固めるという方法でした。例えばグロサールという人は、1791年、ブラジルから入ってきた瓶の形をした容器(crude bottles)を薄片に切り、揮発油に浸して軟らかくしたものを心棒に巻き付けてゴム管をつくり、これを医療に使って、外科医に大いに評価されたということです[8]。また同じ年、サミュエル・ピールは生ゴムをテレビン油に溶かして、これを皮や布などに塗って乾かし、防水性のある靴や衣服などに用いるという特許を取得しています。テレビン油は松脂(まつやに)を水蒸気蒸留して得られ、油絵具の溶剤として画材店などで売られていました。

19世紀に入ると生ゴムをそのまま使った新しいゴム製品が出始め、例えば1803年にフランスでゴムバンド、ガーター(靴下止め)、ズボン吊りなどがつくられ、1811年にはウイーンのJ・N・ライトホッファーによって小規模のゴム製品の製造が始められました。その多くは生ゴムの紐を布などの素材にゴム糊で張り付けたものでした[9]。

1813年、イギリスのジョン・クラークは、生ゴムをテレビン油とアマニ油の混合液に溶かして浸み込ませた織物で袋をつくり、空気を入れてベッド、枕、クッションなどをつくる方法の特許を取得しています[9]。後の1845年に同じくイギリスのロバート・ウィリアム・トムソンが空気入りタイヤを発明していますが、ゴムを浸み込ませた布でつくった袋に空気を封じ込めてクッションとして使うという発想は、トムソンが生活の中で使っていたこれらの家庭用品から生まれた可能性があります。

6. イギリスの産業革命

コンダミーヌがフランス科学アカデミー会報を通じて、それまでなかったゴムという新素材をヨーロッパ社会に紹介した1745年頃、イギリスでは後に産業革命と呼ばれる大きな社会改革が始まっていました。それは「最初は緩やかに、ついで、1760年から1815年までの期間により急速にもたらされた経済制度の変革」と言われています[12)]。小規模に行われてきたゴム製品の製造が機械を使って工場で行われるようになるのは、1820年のトマス・ハンコックによる生ゴムの加工機械の発明がきっかけとされているので、ゴム工業は産業革命の末期に、それまでの技術改革の成果を盛り込んで生まれた新産業と言えるでしょう。

糸紡ぎと織布の機械化

技術革新と生産規模の拡大に象徴される産業革命は、まず綿織物業から始まりました。その端緒となったのは1733年のジョン・ケイによる織機の飛び杼の発明で、手で行われていた経糸の間に緯糸を入れる作業が機械化され、織布の時間がおよそ半分に短縮されました。

これに触発されて、糸車を回して紡がれていた綿糸を機械で紡ぐことが考えられ、1764年、ジェームズ・ハーグリーブスが８本(のちに16本に改良)の糸を同時に紡ぐことのできるジェニー紡績機を発明し、小型で使いやすいこともあって広く普及、紡績業が盛んになります。そして1771年、リチャード・アークライトが水車を動力に使って多量の綿糸が紡げる大型の水力紡績機を開発し、綿糸の本格的な工場生産が始まりました。さらに1779年になってサミュエル・クロンプトンがそれまでの紡績技術を統合し、細くて丈夫な綿糸がつくれるミュール紡績機を開発して品質のよい綿糸の大量生産が行われるようになりました。

一方、織機については飛び杼の発明の後大きな改良は見られず、織布はもっぱら手織り職人の手にゆだねられていましたが、1785年にエドモンド・カートライトが蒸気機関を動力とした力織機を発明して機械による織布が可能になりました。その後も多くの改良が続いて生産は激増、イギリス中部ランカシア地方の中心都市マンチェスターは木綿工業の一大産地となって繁栄し、綿織物業はイギリスの主力産業となります。

製鉄と機械工業

綿織物業とならんで産業革命の推進役となったのは製鉄業でした。製鉄には、鉄鉱石を石炭からつくられるコークスの火力で溶かし、不純物を除いて銑鉄を得る“製銑”と、この銑鉄に含まれる炭素の量を減らして鋼(鋼鉄)をつくる“製鋼”の２つの工程があります。

イギリスにおける製鉄は1709年にエイブラハム・ダービーによって始められ、改良が加えられて、1750年頃全土に普及しました。銑鉄(pig iron)は４～６％の炭素を含み、これを鋳型に流し込んでつくられるのが鋳物で、鋳物に使われる銑鉄は、鋳鉄(cast iron)とも呼ばれています。銑鉄は硬くはありますが、衝撃を加えると割れやすいので、構造物の材料としては不向きです。

この銑鉄に含まれる炭素を減らして粘りのある強い鉄を得る方法は、1783年にヘンリー・コートによって発明されました。これは、銑鉄を入れた炉の天井に石炭の燃焼ガスを当て、反射熱(輻射熱)と燃焼ガスに含まれる酸素によって炭素を燃やし除く方式で、攪拌精錬法(パドル法)と名付けられています。パドル法と呼ばれたのは、反射炉の中の溶けた銑鉄をパドル(舟を漕ぐ櫂)の形をした鉄棒でかき回して炭素を燃やし、最後に鉄棒に絡みついた鉄(錬鉄：wrought iron)を取り出して圧延機にかけ、形を整えることによるものです。

錬鉄は鋳鉄に比べて強靭だったことから、鉄道のレールや建造物、産業機械などに使われましたが、19世紀半ばの1855年にヘンリー・ベッセマーが“底吹き転炉”を使うベッセマー法を開発して鋼(鉄鋼：steel)の大量生産技術を確立し、錬鉄の時代は終わりを告げました。

しかしこの錬鉄の量産によって、紡績機、織機、蒸気機関など各産業分野の機械や工作機械をつくる機械工業が大きく発展し、産業の一分野を担うことになります。そしてイギリス中央部ミッドランドにあるバーミンガムが、周辺に豊富な鉄鉱石と石炭の産地があったことから、製鉄業をはじめ様々な工業が集中・発展し、今日に至るまでイギリスの代表的な工業都市となっています。

7. ゴム産業の始まり

素練り機の発明

1820年(江戸後期文政３年)、イギリスのトマス・ハンコックが「衣服など色々の品目に、ある物質を用いてより弾性的にする」方法についての特許を得ました[9]。ハンコックは本来馬車の車体メーカーの経営者で、屋根のない馬車の御者や乗客のための防水加工した雨具から始めて、様々なゴム製品の製造を手掛け、生ゴムを細長く切って紐の形にし、衣服や履物に利用する方法について特許を得ていました。そしてあるとき、生ゴムを切ったときにその切り口をすぐに合わせて押し付けるとくっつくことに気が付きました。そこで、内面に歯を付けたシリンダの中に、外面に歯を植えたロールを入れた機械をつくり、隙間に細かく切った生ゴムを入れてロールを回すと、粘りのある粘土のようなゴムの塊が得られることを発見しました。上記特許はこの方法についてのものです。

ハンコックは、この生ゴムを加工しやすい状態にすることを、“噛み砕く”を意味する英語masticateを使って“マスチケーション”(mastication)、機械を“マスチケーター”(masticator)と名付けました。日本ではこのマスチケーションを“素練(すね)り”と呼んでおり、後にタイヤはもとより、ほとんど全てのゴム製品の製造はこの工程から始まることになります[13]。

生ゴムを加工しやすくする工夫はアメリカでもなされ、ジョン・J・ハウが、回転速度の異なる２本の鉄製ロールの間に生ゴムを通し、これを押しつぶし引き裂いて柔らかくする方法を考案して1820年に特許を取得しました。アメリカでは初めてのゴム製品製造機械に関する特許で、この２本ロールによるゴム練り機はハンコックも採用し、後に改良が加えられて今日でも使われています。

ゴムシートと糸ゴム

こうしてハンコックは自由な形、大きさの生ゴムの塊がつくれるようになったことから、適当な大きさの四角いゴムの塊を、水に濡らしたナイフで薄く切ってシートにする機械や、これをさらに細く切って糸ゴムをつくる装置を開発し、これらの素材を使って様々なゴム製品をつくりました。

のちにハンコックは素練りしたゴムから円筒をつくり、これを見本としてアマゾン河口のベレンに送って、生ゴムの原料であるラテックスから同じような筒をつくらせました。そしてこれを輸入し、旋盤の心棒にはめて円形のナイフでらせん状に切ってテープにし、機械にかけて四角い断面の長い糸ゴムをつくることもしています[9]。

ゴム引き布

1823年、エジンバラ大学の医学生ジェームズ・サイムが、コールタールから抽出したナフサで生ゴムを溶かすと、柔らかい布用のコーティングがつくれることを発見しました。このことを知ったグラスゴーのチャールズ・マッキントッシュはその権利を買い取り、特許をとって防水生地の生産を始めました[10]。マッキントッシュは当初生地だけを販売し、仕立ては購入者にまかせていましたが、1830年、マンチェスターでゴム製品の製造を行っていたハンコックと合併、レインコートの生産に乗り出しました。ハンコックは防水布を効率よくつくるため、1837年にゴム引き機を発明しています。

基礎の固まった製造方法

1836年には、練ったゴムを２本のロールの間を通してシートやフィルムにしたり、織布(しょくふ)とこれらの材料を貼り合わせる“カレンダー”と呼ばれる機械が開発されます。こうしてイギリスでは、ゴム工業に飛躍的な発展をもたらした加硫法が発明される1839年までに、ゴム製品の製造方法の基礎がほぼ固まり、ゴム靴、レインコート、各種ホース、弾性織布、ベッドや枕、多くのエア・クッションなどのゴム製品が大量に生産されるようになりました[9]。

8. 加硫の発明

グッドイヤーによる発見

アメリカでゴム製品の製造が始まったのは、ナポレオン戦争の余波を受けて1812年から14年にかけて行われた米英戦争のため、イギリスから工業製品の輸入が途絶えたのがきっかけでした。イギリスから輸入されていた様々なゴム製品の国産化が行われましたが、1835年頃になっても、市場に見られるゴム製品の多くが冬には硬くなってひびが入り、夏には表面が溶けるように柔らかくなるという有様で、ゴム製品を扱った多くの商社が閉鎖の憂き目に遭いました[9]。

そうした中で、ニューヨークに近いコネチカット州ニューヘイヴン出身の事業家チャールズ・グッドイヤーが、30歳過ぎの1831年頃、ゴムには柔らかく弾力があって水を通さないという長所がある一方で、上記のような難点があることを知り、これを解消した商品の開発を思い立ちました。

この欠点は、生ゴムを刻み、温めるなどして柔らかくし、何らかの薬品を練り込むことによって解決できると考えたグッドイヤーは、酸化マグネシウムから始めて様々な薬品を加えたり、溶液で処理したりするなどの実験を行い、何度か良さそうな結果が得られて、その製品化を試みました。しかし、同業者に持ち掛けたり、出資者を得たりして始めた事業はことごとく失敗し、借金が返済できず獄につながれるということさえありました。

そうした苦難にもめげず実験を重ねていた1839(天保10)年の冬、グッドイヤーは実験室のストーブの傍らでサルファー(硫黄)こそが求めていた薬品であり、熱を加えることが決め手であることに気が付きました。その経緯についてはいくつかの逸話が伝えられていますが伝記作家によるつくり話の可能性が高く、実のところはよく分かりません。いずれにしても、適量の硫黄を生ゴムに練り込み、熱を加えることによって常温でほぼ安定した品質のゴムが得られることが発見されました。日本では、このプロセスをグッドイヤーが発見した生ゴムに硫黄を加えることにちなんで「加硫」と呼んでいます。

ハンコックによる加硫の実用化

グッドイヤーは1839年1月に硫黄と熱がゴムの性質を大きく変えることを発

見しましたが、硫黄の量と、熱をどのような方法でどの程度加えればよいのかを確認し、特許を得るためにはさらに実験を続けることが必要でした。しかし、その頃彼は健康を損ね、家計が苦しい状態にあって実験は一向にはかどらず、特許を申請するゆとりのないまま時は過ぎていきました。そしてなんとか加硫ゴムのサンプルをつくり、心当たりのある人に資金援助を求めることができるようになったのは、1841年になってからのことでした。

翌年、そのサンプルのひとつが、あるイギリス人の手を経てトーマス・ハンコックの手に渡りました。ハンコックは1820年の素練り機発明の後もその改良や関連装置の開発を続けており、本腰を入れてゴム製品の開発、製造に取り組んでいました。サンプルに含まれる成分が何であるか、はじめは分かりませんでしたが、ハンコックは長年にわたるゴム質の改良実験結果に照らし、グッドイヤーと同じく硫黄と熱が鍵を握っていることに気付いて実験を重ね、気温変化の影響をほとんど受けない耐久性のあるゴムの開発に成功しました。そして加硫の最適条件を確認し、これを“チェンジ”(change)と名付けて1844(弘化元)年に特許を取得しました[14)]。グッドイヤーがアメリカの特許を得たのは翌1845年で、後に両者の間でイギリスにおける特許権についての争いがありました。

なお、加硫の英語については、ハンコックに、ローマ神話の火と鍛冶仕事の神ウルカヌス(Vulcan)にちなんでヴァルカニゼーション(vulcanization)がよいのではないかと提案する人があり、グッドイヤーもこれを受け入れて一般化しています。

グッドイヤーが行っていた加硫は生ゴム100gあたり8gの硫黄を加え、140℃で5時間を要したと言われています[14)]。ハンコックは硫黄に合わせて様々な薬品を加え、より優れた加硫ゴムをより短い加熱時間で製造すべく研究を重ね、数多くのゴム製品を世に送り出しました。

9. ゴム製品の多様化

ゴム配合と混練り

ゴム製品をつくる上で硫黄を加えることが必須であり、さらに白色粉末の酸化亜鉛(亜鉛華)など選ばれた薬品を混ぜ合わせることによって、安定性のあるゴムが得られることが明らかになりました。ハンコックによって開発された素練りに続くこの工程は“混練り”(mixing)、所定の薬品の種類と量の材料を混ぜる操作は“配合”(compounding)と呼ばれています。

こうして生ゴムからゴム製品にいたる製造工程は、①原材料の準備⇒②素練り⇒③配合(混練り)⇒④成形(製品の形に加工する)⇒⑤加硫⇒⑥仕上げの順序と定まり、今日に引き継がれています。そして、ゴムの加工機械を数多く発明し、処理法をほぼ確立してゴム製品の製造を産業の一分野にまで育てたハンコックは、後に“ゴム工業の父”と呼ばれるようになりました。

様々なゴム製品

1850年代の加硫法の普及によって、ゴム工業は拡大の一途をたどり、人口の増加や生活水準の向上によって、ゴム製の履物やゴムを利用した衣類、家庭用品などの広大な新市場が生まれました。加硫法の特許を取得した1844年から12年後の1856(安政３)年、ハンコックが改良を重ねて製造した工業用ゴム製品の例が『技術の歴史』に図1-5のように紹介されています[9]。

A)本管修理用ガス袋：空気を出し入れするバルブのようなものが付けられており、この袋をパイプの中に入れて膨らませた図が添えられています。ガス管や水道管などの新設工事や修理を行うときに、本管からのガスや水を止めるための道具でしょうか。

B)ドアのばね：ゴムが小さい力でよく伸びることを利用し、開けたドアを自動的に閉める仕組みに使われるもの。

C)水圧ラムのパッキング：ラムはピストンのこと。“かえり”の部分を利用して水をシールするもの。

D)ポンプ・バケット：断面図も示してありますが何に使うのかは不明です。

E)差し込み玉弁：パイプの中に穴の開いたゴムシートを取り付け、鉄の玉を置いて、下から上へガスや水を送るときの弁として使うもののようです。

F)緩衝輪：機器の繋ぎ部分に使われるクッション。

G)円筒：ゴムの筒で様々な用途が考えられます。

H)機械用調帯：ベルトのこと。

I)ホース管：消防用などの太いホース。

J)ゴム管：一般的なホース。

K)消防ポンプ管の端に用いる柔軟な先細りのホース管：ホースの先に取り付けるノズル。

L)無音トラック輪用のゴム・タイヤ：運搬車、貨車用のタイヤ。世界で初めての製品化されたゴム製タイヤと思われます。"無音"に注目ください。

M)麦芽製造用靴：大麦は小麦のように製粉することが難しいので、もやしのように芽を出させて麦芽とし、これを乾燥させ砕いて粉にします。このとき麦芽を板の上に広げ、底の硬いゴム靴で踏んだのでしょうか？

N)二輪馬車用ばねブロック。

O)馬車の車輪用タイヤ。

NとOについては、タイヤの歴史を振り返ってみれば、この頃(19世紀中頃)、馬車は乗り物としてほぼ完成の域に達し、仕上げとしてゴム製の部品とタイヤの登場を待つばかりになっていました。次の章でヨーロッパで馬車の普及が本格的に始まったとされる16世紀に遡って、馬車の歴史を辿ってみましょう。

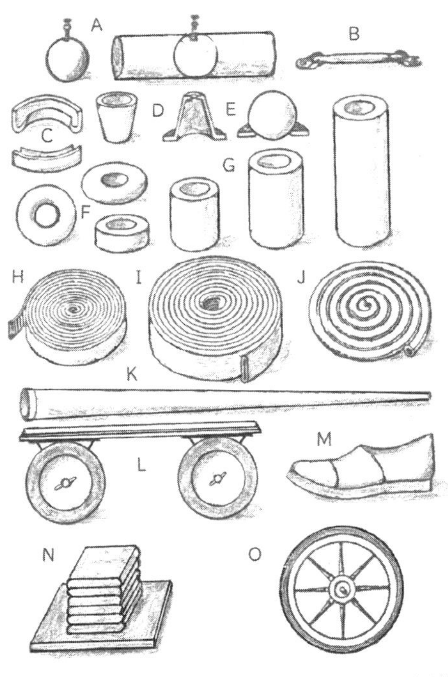

図 1-5　ハンコックが製造したゴム製品の例[9)]

コラム

車輪の始まり

イギリスのトライボロジー*研究者D・ダウソン氏の著書によると[15]、車輪付きの運搬具は約5500年前、世界で初めてメソポタミア文明に出現しました。メソポタミア文明は、紀元前1万年以降に現イラク領のティグリス河とユーフラテス河に囲まれた肥沃な三角州に、それまでの狩猟と採集の暮らしから農耕を主体とした生活へと移行した世界最古の文明として知られています。

そのユーフラテス河に面し、最盛期には5～8万人の人口を有したと言われる当時世界最大の都市ウルクで、紀元前3000年頃に描かれたそりと車輪付き運搬具の絵文字が発見されており、荷物を運ぶ手段がこの時代にそりから車輪付き運搬具へと移行したようです。そして、前3000年から2000年の間につくられた王の墓でその遺物が発見され、初期の車輪はスポーク付きでなく一体のもので、1枚の厚い板から削りだされるか、3枚ないしそれ以上の板をほぞ穴と合わせ、釘を使って組み合わせてつくられていたことが分かりました。

興味深いのは、その車輪の外縁に銅製の鋲が打ち込まれたリムが付いているものや、銅製のたがはめられているもの、さらにおそらく皮製のたがが用いられたと思われるものもあったということで、ダウソン氏は著書の中で「こうしたたがは、(中略)リムの摩耗を軽減するというトライボロジー的な役割を果していたものと考えられる」と述べています。

この「たが」は私たちが「タイヤ」と呼んでいるもので、タイヤは車輪とほぼ同時に発明されたと言ってよいのではないでしょうか。

*：トライボロジーとは潤滑、摩擦、摩耗などを含む「相対運動しながら互いに影響を及ぼしあう2つの表面の間におこる全ての現象を対象とする科学と技術」で、その研究団体に「日本トライボロジー学会」があり、タイヤの摩擦や摩耗もその対象となっています。

第2章
空気入りタイヤの誕生

路面の凹凸に馴染んで軽々と転がるゴムタイヤの車輪は、小型の運搬車や貨物車などに装着され、道路の舗装が進むと、馬車にもソリッドゴムタイヤが使われるようになりました。

空気入りタイヤは1845年、イギリスのトムソンによって馬車用として発明されますが量産には至らず、立ち消えとなります。そして43年後の1888年になって、1870年代に普及した自転車用としてダンロップによって再発明され、実用化されました。

本章では最初に当時の馬車や道路環境、トムソンの空気入りタイヤを紹介し、続いてダンロップによる再発明の動機となった自転車の歴史、空気入りタイヤの特徴と実用化に至る経緯、同時期につくられたクッションタイヤとシングルチューブタイヤについて述べます。

1. 馬車のサスペンション

タイヤの語源

タイヤは辞書で「車輪の外囲にはめる鉄またはゴム製の輪」とされています。英語の“tyre”を発音そのままで使った外来語ですが、アメリカ英語では古くから“tire”と表記され、こちらの方が一般的に使用されています。その語源については諸説ありますが、『オックスフォード英単語由来大辞典』に次のように書かれています[1]。「〔15世紀後半〕タイヤ、(車の)輪金：当初は、車輪を覆っていた鉄の輪を指す語だった。この語はおそらく古語tireの異形である。tireはattire〔(人に)衣装を着ける〕の頭音消失である。これはタイヤが車輪につける“衣装”であることを表している。」

とすれば、タイヤという名詞は15世紀後半に、馬車(carriage)の鉄製タイヤを指す言葉として使われるようになったということでしょう。

馬車の乗り心地改善

当時の馬車には四輪のワゴンと二輪のカートとがありましたが、いずれも車体が車軸の上にじかに置かれた極めて乗り心地の悪い乗り物で、でこぼこ道を速く走らせると転倒の恐れがあり、荷物を積むか足の弱い人を乗せて時速数kmでゆっくりと走っていました[2]。

しかし15世紀後半になって、四輪馬車は前後の車軸を“連桿(れんかん)”(パーチ)と呼ばれる棒で結んで車台とし、この車台に吊り紐や鎖などを介して車体を取り付けた“コーチ”となり、車の振動がいくらか柔らかく、居住性がよくなりました。そして16世紀に入ると、この懸架式車体をもつ馬車はヨーロッパ中で使われるようになり、同世紀末までには王族・貴族の主要な移動手段となって、様々なスタイルのコーチがつくられるようになりました。

この馬車の車体を支え、路面からの振動やショックを緩和するシステムを“懸架装置”(サスペンション)と呼んでいますが、この装置が大きく改良されたのは18世紀に入ってからで、フランスのダルムが車体を図2-1のようにCやLの形をした鉄製の板ばねで吊るす装置を考案して、乗り心地が改善されました[2]。

そして19世紀に入った1804年、オバディア・エリオットが、わん曲した板ばねを組み合わせて楕円形を形づくる“楕円板ばね”を発明しました。これは弾力性のある強い鉄が量産されるようになったことによるもので、このばねの採用によってコーチの乗り心地がさらによくなりました(図2-5[3])。

馬車用ソリッドタイヤ

楕円板ばねによってショックや揺れが吸収され、乗り心地がよくなったとはいうものの路面に接するタイヤは鉄の帯なので、シートに伝わってくるガタガタという振動は変わらず、とくにタイヤが石畳を叩くガラガラという騒音は大きな社会問題でした。

図1-5で紹介した1856年のハンコックのゴム製品図にある N)二輪馬車用ばねブロックと O)馬車の車輪用タイヤ(ソリッドタイヤ)は、ゴムの柔らかさを利用して、この振動・騒音を抑える目的でつくられたものです。ハンコックが1846年にソリッドタイヤについて述べた資料が残されていますが、その寸法は幅約1½インチ(約 4 cm)、厚さ約 1¼インチ(約 3 cm)で、よく振動・騒音を抑え、鉄のタイヤのように路面を傷めることもなかったということです[4]。しかし、加硫によってゴムが強くなったとはいえ、ソリッドタイヤは標準的な馬車の重量と速度には耐えきれず、カートや軽量の小型コーチから徐々に使用が始まって、1870(明治 3)年頃から自転車用タイヤとして急激に普及することになります。

図 2-1　ベルリーネ(1830 年)
車軸を連棹で結んで車台とし、車体はC字形の板ばねと皮ベルトで支持されている[3]

2. 交通革命の進展

道路整備の拡がり

こうした馬車の改良は道路の整備と一体でした。フランスではルイ15世の治世下にあった1738年(江戸中期の元文３年)、“コルヴェ”(賦役)と呼ばれる道路の建設・補修を行うため、毎年一定の日数の無償労働を提供する義務がフランス全土の農民に課せられ、10年間で４万kmに及ぶ馬車の通行が可能な幹線道路が建設・修復されました[5]。さらに後年、ナポレオン１世(在位1804～14年)によって、周辺諸国を含めていっそう充実したかたちで道路整備が進められます。

イギリスでは産業革命の始まった18世紀の中頃から運河の開削が盛んになり、石炭、鉄、穀物を運ぶ動脈となる一方で、陸上では馬車による物資の輸送量が著しく増加、これに応えて道路の建設が飛躍的に進んでいくことになります[6]。イギリスではフランスと異なり、民間主導で“ターンパイク”(有料の私有道路)というかたちで道路の建設・整備がなされ、1700年から1790年にかけて2000もの道路が造られました[5]。

イギリスの道路舗装法は２人のスコットランド生まれの土木技師、トマス・テルフォードとジョン・L・マカダムによって考案されました。幹線道路の舗装は18世紀の後半に始まり、馬車の絶頂期だった1830年代に、ほとんどが“マカダム道路”に改修されたと言われています。

テルフォード道路：頑丈な路盤によって負荷を支えるという考え方で、それまでの道路を掘り下げて基礎となる大きな石を手作業で敷き均(なら)し、その上に砕石を敷き詰めて、表面を1½インチ(約４cm)以下の砕石や砂利などで被った道路[6]。

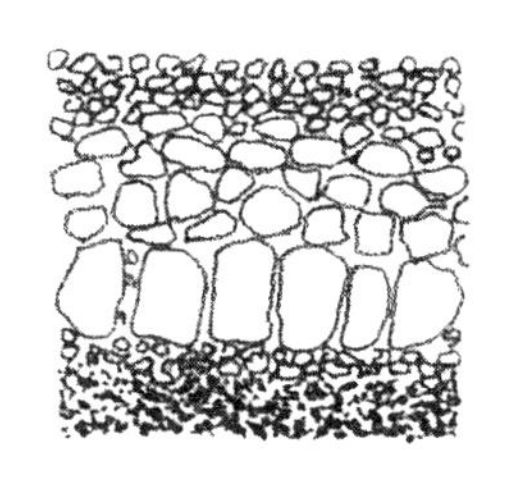

図 2-2　テルフォード道路の構造[6]

マカダム道路：水が浸透しなければ自然地盤に支持力があるとし、費用のかかる手敷路盤を造らないで従来の地盤の上に砕石を敷き、一般の通行に開放して路面を踏み固めることを数回行ったあと、表面を１インチ(約2.5cm)以下の砕石で締め固め、雨水が両側の溝に流れるようにした道路。1830年代には馬で曳くローラが採用され、路面を転圧しながら砕石の隙間に砂を流し込んで平坦にする方法がとられました[6)]。

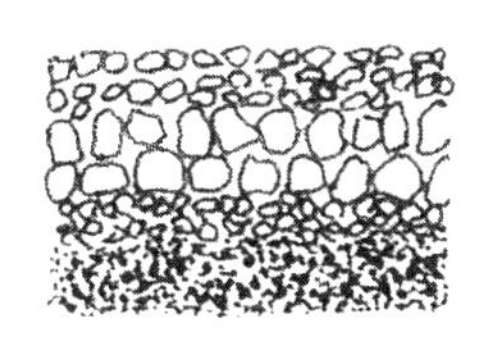

図 2-3　マカダム道路の構造[6)]

馬車から鉄道へ

産業革命の総仕上げは、鉄道の出現による交通革命でした。

1825年(江戸後期の文政８年)、ジョージ・スティーブンソンが実用化した蒸気機関車に曳かれた客車と貨車がストックトンとダーリントン間の約17キロの線路の上を時速約18kmで走り、鉄道時代の幕開けとなりました。産業革命の進展によって多くのヒト、大量のモノを速く輸送する需要が高まり、陸上交通の主役である馬車の製造は1830年代に独自の産業・業界としてほぼ確立、馬車は工場に部品をつくる専門の職人が集められて、分業体制のもと、大量に製造されるようになりました。しかし、馬車産業はこの頃が絶頂期で、以後鉄道の発達により衰退期に入ります。そして1836年から鉄道の建設が本格化、1840年代に鉄道ブームが到来しました。

ゴム産業も発展を続け、1845年、フラーによってクッションや車両の両端に加硫ゴムが使用されるなど、列車の衝撃吸収や振動緩和の手段としてゴムが使われるようになりました。また、ジョージ・スペンサーは1852年にゴム製の鉄道用ばねの初めての特許を得ています[4)]。

3. 空気入りタイヤの発明

トムソンのエアリアルホイール

このようにゴムの用途が拡がっていく中で、1845年(江戸時代後期の弘化2年)、スコットランドのロバート・W・トムソンが“エアリアルホイール”(aerial wheel)と名付けた、初めての空気入りタイヤの特許を取得しました。1906年にニューヨークの出版社から刊行されたヘンリー・ピアソン著『Rubber Tires and All About Them』に、この特許が次のように紹介されています[8)]。

「トムソンの1845年の英国特許No.10,900は『車を動きやすくし、走行中の騒音を減らすため、馬車の車輪の周囲に弾性ベアリングを用いる』というものである。このためにインドゴムまたはグタペルカでつくられた“中空のベルト”(a hollow belt)を使うことを提案し、これを膨らませることによって『地面、軌道、または道路を走るとき常に空気のクッションが得られる』としている。トムソンが“弾性ベルト”と呼んでいるチューブは、それぞれ(溶媒に溶かして)液状にしたゴムを浸み込ませたキャンバスを何枚か重ねたものをつくり、これを上下に重ねてゴム液で一体にし、加硫したものである。カバーには皮が用いられ、空気を入れるのに今の自転車タイヤ用の空気入れではなく、“コンデンサー”が用いられた。」

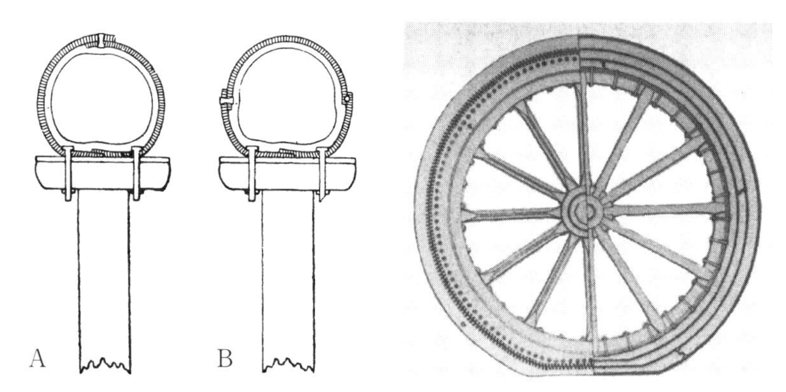

図 2-4　エアリアルホイールの断面図[8)]と同側面図[9)]

文中の中空のベルトをインドゴムまたはグタペルカでつくるという件(くだり)ですが、インドゴムは西インド諸島で発見されたことから天然ゴムを意味し、実際のタイヤにはこれだけが使われたと考えられます。グタペルカは天然ゴムと同様樹液が固まってできたものですが、常温では硬い固体で、後の1848年になって海底電線の被覆やゴルフボールの表皮などに使われるようになりました。特許の請求範囲を当時知られていたゴム状の物質全てに適用するという意味で加えてあると思われます。

弾性ベルトは具体的にどのようなものか分かりませんが、例えば水遊び用の浮き輪をつくるのと同じ要領で、ゴム液を浸み込ませ乾かしたキャンバスをドーナツ形に切って数枚重ね、外周と内周をゴムのりを塗った布テープで貼り合わせ、これを加硫してつくられたのではないでしょうか。

コンデンサーは現在、エアコンや冷蔵庫の部品“凝縮器”を指す機械用語として使われていますが、condenseに圧縮するという意味があるので、ここでは空気を圧縮する機器を意味していると考えられます。とくに「今の自転車タイヤ用の空気入れではなく」とことわってあるので、専用の空気入れがつくられたということでしょう。

伝えられているエアリアルホイールの断面図に２つの構造が示されています。図2-4の断面図の左側のタイヤＡは、カバーとなる帯状の皮を72本のボルトで木製のリムに固定し、その上に弾性ベルトを取り付けて左右から巻き上げ、鋲で綴じた形。右側のタイヤＢは、まずカバーの下半分に相当する帯状の皮を72本のボルトで木製のリムに固定し、その上に弾性ベルトを取り付けて別の皮カバーを被せ、上下の皮を縫い合わせて鋲で止め、空気を入れるということでしょう。鋲で綴じた部分が接地するタイヤＡは耐久性に不安があると思われ、側面図はタイヤＢのものなので、実際につくられたのはＢの方と考えられます。

なお、空気入りタイヤは、空気を保持する「チューブ」と、これを被う本体、「カバー」の二重構造になっていますが、このタイヤは一体につくられていることから、後に「シングルチューブタイヤ」と呼ばれるようになります。

4. エアリアルホイールの性能

公園を走る馬車

トムソンは翌1846年夏、このタイヤを馬車に付けてロンドンのハイドパークを走らせましたが、驚くほど楽々と静かに動く馬車の出現に人々は非常な興味をかきたてられたということです[9)]。馬車のスピードは速足で歩く人と同じ程度と考えられ、滑らかな皮で覆われたタイヤの走行音は周囲の人にほとんど聴き取れなかったということでしょう。

このタイヤを取り付けたある馬車は、たいへん好調に1200マイル（約1900km）を走ったと言われています[8)]。時速5kmで毎日1時間走ったとして約380日、1年強の日数を要する距離ですから、耐久性は充分と評価されたようです。

しかし、このタイヤは現在でも未解決の難しい問題を抱えていました。それは「空気圧の自然低下」という難題です。ゴムは水を透しませんが、水素や空気などの気体は透すという性質があり、例えばゴム風船を一晩置くとひと周り小さくなるのも、この性質によるものです。液状にしたゴムを浸み込ませたキャンバスを何枚か重ねてつくられた弾性ベルトをもつこのタイヤは、どの程度の空気圧で使用されたかの記録は見当たりませんが、空気圧の低下が早く、走らせる前に必ずコンデンサーを用いて空気を補充する必要があったと考えられます。

トムソンの狙い通り、当時の馬車に求められていた振動・騒音問題を一挙に解決したエアリアルホイールですが、普及しなかったのは高価だったことに加え、メンテナンスが面倒なのがその理由ではなかったかと思われます。

図2-5　1890年頃のクーペ；トムソンのブルーム型馬車はこれと同型[3)]

牽引力の比較

エアリアルホイール開発の目的は、馬が馬車を曳くのに必要な力である牽引力を小さくし、騒音を低くすることにありました。トムソンは断面径5インチ

(12.7㎝)のエアリアルホイールをブルーム型馬車に装着し、当時のロンドン市内で一般に利用されていたと考えられる3種類の道路上で広範囲にわたる牽引力の比較テストを行い、結果を表2-1のようにまとめています[10]。

表2-1　エアリアルホイールの各種路面における牽引力の比較

		鉄タイヤ		エアリアルホイール		比率
道路		lb	kg	lb	kg	%
①	舗装路(Paved streets)	48	22	28	13	58
②	マカダム路(Macadam)	40	18	25	11	63
③	石畳路(Broken granite)	130	59	40	18	31

・比率は鉄タイヤに対するエアリアルホイールの牽引力の割合
・表中のkg表示は、著者によるld（ポンド）をもとにした換算値

① 舗装路(Paved streets)：2章－2で述べたテルフォード路を指すと思われ、表面を1½インチ(約4㎝)以下の砕石や砂利などで被った道路。空気入りタイヤのクッション効果で牽引力が4割も小さくなっています。

② マカダム路(Macadam)：水が透らないように砕石を固く敷き詰め、その隙間をローラーによって小さな砕石や砂で埋めた道路で、テルフォード路より路面が滑らかと考えられ、さらに数値が低くなっています。

③ 石畳路(Broken granite)：テルフォードが1824年の報告で勧めている街路舗装で、12インチ(約30cm)厚の砕石路盤の上に長方形の花崗岩の舗石を敷き詰めた道路[6]。一般に幅3または4インチ(約8または10cm)の小さな舗石が多く、凹凸の激しい硬い路面で、鉄のタイヤが発する振動・騒音は耐え難いものだったと言われています。鉄タイヤで比較すると、マカダム路と石畳路の牽引力の比率は1：3.25で、これをエアリアルホイールで比較すると1：1.6となり、いかに空気入りタイヤの衝撃吸収能力が大きいかが分かります。

5. 自転車の登場

初めてのペダル式自転車

グッドイヤーがゴムの加硫処理法を発見した1839年、スコットランドの片田舎で、鍛冶職人カークパトリック・マクミランが、イギリスで初めてとなる人が自力で道路を走らせる乗り物、ペダル式自転車をつくりました[11)]。車体は木製で、後輪とクランクで結ばれたペダルを脚で前後に往復させて進む後輪駆動車です。木のホイールには鉄のタイヤが嵌められていて、前輪の直径76cm、後輪の直径が102cmと現在の自転車とサイズはさほど違いはありません。しかしその重量は27kgもあって、現在のファミリーサイクルの16〜18kgに比べてかなり重く、価格が高い上に上り坂が苦手などの難点があり、商品化には至りませんでした。

前輪駆動のベロシペード

1861年、フランスのピエール・ミショーが、前輪の軸にペダルとクランクをつけて走らせる自転車をつくりました。はじめは鋳鉄製、後に錬鉄製フレームの前後に木製ホイール鉄タイヤの車輪を付け、板ばねを渡してその上にサドルを置いた構造で、翌年“ベロシペード”という商品名で発売され、たちまち評判になります。この自転車はイギリスにも輸入されましたが、速く走れるものの上下振動がひどく、“ボーンシェーカー”(骨が揺さぶられるガタガタの乗り物)というあだ名が付きました[11)]。1865年にはミショーとともに開発にたずさわっていたピエール・ラルマンがアメリカに渡って“ヴェローチェ”と名付けたミショー型自転車を発売し、アメリカでも人気が高まります。

ベロシペードは時速13kmで走れ、乗り手は爽快な気分を味わうことができましたが、問題は27kgもの重量と操縦の難しさでした。駆動も舵とりも前輪で行うことから、ペダルを踏むたびに車体がぐらつき、走らせるには脚力に加えて腕力

図 2-6 ベロシペード[15)]

が必要で、乗りこなすのにかなりの時間がかかったようです。こうした難点はありましたが、自転車愛好者は急激に増え、やがてクラブが結成されてサイクリングが盛んに行われるようになり、メンバーによる競走が始まりました。記録上初めての自転車レースは1868年５月、パリのサン＝クール公園で開かれ、イギリスのジェームズ・ムーアがソリッドタイヤとボールベアリングの付いた自転車で優勝したということです[12]。

サイクリング熱が本格化し、レースの人気が高まると、当然のことながらより速い自転車が求められるようになります。多くの人が前輪が大きいほどスピードが増すことに気付き、外径の大きい自転車が次々と開発されましたが、ホイールとスポークが木材ではその大きさと強度に限界がありました。

ハイホイーラー自転車アリエル

1870（明治３）年、イギリスのジェームズ・スターレーとウイリアム・ヒルマンがベロシペードのホイールとギア装置を改良して特許を取得しました。そのホイールは自転車技術史上最も創造的と言われ、全てスチール製で、リムとハブ（車軸が嵌められる穴の周囲の部分）の間に針金のスポークが張られていて丈夫で軽く、ギアはペダル１回転ごとにホイールが２回転するという仕組みになっていました[11]。

スターレーはこのワイヤースポークホイールを使って、それまでにない外径の大きな前輪をもつことから「ハイホイーラー」と呼ばれた自転車“アリエル”をつくって販売を始めました。

タイヤはリムの溝にソリッドタイヤを接着するかワイヤーを使って取り付けてあり、摩耗すると交換できるようになっていました。

図2-7　ハイホイーラーの自転車アリエル[11]

6. ワイヤースポークの働き

接線スポークホイール

アリエルのホイールのスポークは当初長い１本のワイヤをリムとハブの穴にループ状に通してひと組み２本とし、ハブに取り付けたねじを締めて放射状に均等の力で張るもの(放射状スポーク)でした。しかし1874(明治７)年になって、スポークを１本ずつハブの接線方向(タンジェント)に張る方式に改良され、以後このホイールは「接線スポークホイール」(タンジェント組みスポークホイール)として自転車用ホイールのスタンダードになりました[11]。

スポークの働き

図2-8はスポーク数28本のホイールを例に、半分の14本だけを描いて接線スポークの働きを示したものです[13]。

①はベロシペードの木製ホイールで、人が乗って車軸に荷重がかかるとその重みでホイールの接地部付近がたわみ、スポークに圧縮力や曲げ力がかかります。一方、②の接線スポークホイールは、車軸にかかる荷重を真上にある２本のスポークを中心に、ホイールの上半分のスポークの張力で支える、つまりリムがスポークで車軸を吊っているかたちになっています(②-１)。そして接線スポークホイールはスポークがハブから接線方向にリムに張られているため、ペダルをこぐ力がワイヤの張力としてリムに効率よく伝わります(②-２)。

また、ホイールが路面の小石に乗り上げたときなど、ホイールの一部に衝撃が与えられたときの力の伝わり方にも違いがあります。木製ホイールではその

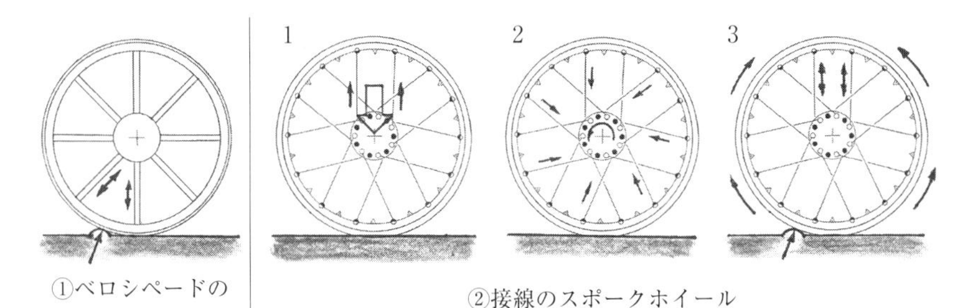

図 2-8　接線スポークの働き

衝撃力がリムからスポークを経てハブに直接伝わりますが、スポークホイールではワイヤが常にリムをハブ方向に引っ張っているので、衝撃力はリムを伝わって車軸を吊っているワイヤースポークからハブに伝わり、乗り心地の向上にも効果があります(②-3)。

スポークは1本1本ハブから接線方向に張られ、個別にテンションが調整できることから整備も簡単で、以後ほとんど全ての自転車のホイールがこの方式でつくられるようになったのは当然のことと言えましょう。

オーディナリー型自転車へ

アリエルの重量は22kg程度でしたが、レース用につくられたものは約9.5kgまで軽くでき、前輪の直径は40～60インチ(100～150cm)で、乗り手の足の長さに応じて選ぶことができました[12]。

アリエルはソリッドタイヤを採用していたこともあって格段に高価でした。けれどもモダンなデザインで速く走れる自転車として富裕層の青年の間で人気を博し、数年の間に20社以上のメーカーがこのタイプの自転車の製造・販売を始めて“オーディナリー”(ordinary：普通の自転車)と呼ばれるようになりました[11]。

イギリス製のオーディナリーはアメリカにも多く輸出されましたが、近代的な自転車製造業者がいない中で、その国産化を試みたのはアルバート・A・ポープでした。1878年に発売されたハイホイーラー“コロンビア”は、ポープの広告とメディアを駆使した宣伝に加え、その手頃な価格によって需要が増え続け、1888年までに年間5000台を製造し、完売するまでになりました[11]。

オーディナリーによるサイクリングは一大ブームとなり、欧米では自転車クラブが次々と創設されて会員が増え続け、自転車レースも盛んに行われるようになりました。しかし、この自転車はベロシペード同様ペダルで直接ホイールを回すのに加え、高い重心と前輪の上に置かれたサドルのせいで、走らせることが難しい乗り物でした。また、前輪が小石を踏んだり窪みにはまったりすると、車体が前輪を軸に逆立ちするようにつんのめり、とくに下り坂では危険な乗り物でもありました[14]。

7. 安全型自転車の誕生

チェーンで後輪駆動

アリエルをはじめとするオーディナリー型自転車の成功によって、とくにイギリスでは異分野の製造業者も参入し、コベントリーやバーミンガムに大規模な工場が建設されて、ハイホイーラーはアメリカをはじめ世界中に輸出されました。しかし、ユーザーが急激に増えるのに伴って事故もまた増加していったため、多くのメーカーが、ハイホイーラーの製造と並行して、安全で乗り心地がよく、移動手段として誰でも使える新しい自転車づくりにとりかかります。

そして1876(明治10)年、ヘンリー・J・ローソンが後輪を大きくし、前輪の外径をひと回り小さくして、後に"安全型自転車"(safety cycle)と名付けられた画期的な自転車を開発しました。その特徴は、ペダルに付けられたギアと後輪のハブに付けられたギアをチェーンで結び、ペダルのギヤの歯数と後輪ハブのギアの歯数の比率を変えることによって、ペダル1回転で進む距離をコントロールできるというところにありました[11)]。

ローソンは1879年に"ビシクレット"と名付けた改良型を発表しましたが、その前輪の直径は40インチ(102cm)、後輪が24インチ(61cm)と、サドルにまたがって足を伸ばせば地面にとどく高さで、オーディナリーに比べてはるかに乗りやすく、危険を感じればすぐに止まることができました[12)]。にもかかわらず、この安全型自転車はあまり売れませんでした。おそらくオーディナリーより構造が複雑で車体が重く、高価だったためのようです。

図 2-9　ローソンのビシクレット[11)]

安全型自転車の普及

そして1885(明治18)年になり、ジョン・K・スターレーがひし形フレームに前後同サイズのソリッドタイヤ付きホイールを装着し、ブレーキとペダルを改良した安全型自転車を発表しました。ローソンの自転車との決定的な違いは、前輪を支えるフォークでステアリングできる点にあり、自由に動く(rove)ことができるということから“ローバー”と名付けられたこの自転車は、初めて商業的に成功した安全型自転車となりました[11]。

現在の自転車と比較しても遜色のないローバーが売れ出すと、市場にはすぐに数種類の安全型自転車が出まわり、それまで物好きな金持ちか、怖いもの知らずの特権だったサイクリングが誰でもできるスポーツとなりました。やがて1888年にダンロップが実用化した空気りタイヤが装着されるようになると、それまでのソリッドタイヤによる大きな振動がほぼなくなり、スピードも速くなって、サイクリングはいっそう安全で楽しいものになります。

図 2-10　スターレーの安全型自転車スウィフト[11]

女性向きのトライシクル

自転車と並行して、多種多様のトライシクルがつくられました。トライシクルは走行に安定感があり、乗ったまま止まれる三輪車ですが、自転車よりはるかに高価だったため、経済的に余裕のある上流階級の人々が一家の女性用に購入するケースが多かったようです。

1881年から1886年の間、イギリスでは自転車よりもトライシクルの製造数が多く、1884年には20社のメーカーが120種類以上のモデルをつくっていました[7]。しかし、1890年代に様々なタイプの安全型自転車が数多くつくられるようになると、その流行は終わりを迎えました。

図 2-11　トライシクル[7]

8. ソリッドタイヤとクッションタイヤ

ソリッドタイヤの改良

オーディナリー型以降の自転車はソリッドタイヤ付きのスポークホイールを装着しており、走りやすくはなりましたが、整備の行き届かない道路では振動が激しく、土の道ではタイヤが柔らかい路面に食い込んでハンドルを取られるという状態は続いていました。

ソリッドタイヤは、ロールを通して柔らかくした配合ゴムを押出機にかけて望む断面形状の長い棒の形に押し出し、これをリムの溝に巻き付けて加硫するか、そのまま加硫処理をしてリムの周長に合わせて切断し、リムに設けられた溝に嵌めるか貼り付けるかの方法がとられていました。しかし、使っているうちに伸びてリムから外れたり、摩耗したときの交換がしにくいなどトラブルが多く、メーカーはその対策に追われていたようです。

そのためもあってか、ハイホイーラー・アリエルの市販が始まった翌年の1871年から安全型自転車のローバーが発売された前年の1884年にかけて、自転車などの乗り物用ソリッドタイヤについての特許がイギリスの主要ゴム製品メーカーから数多く出願されており、その内容はおおむね次の３つの項目に関するものでした[8)]。① リムへの装着方法、②金剛砂を入れて耐摩耗性をよくするなどゴムの配合、③トレッドに“ひれ”を付けたり、トレッドをブロック状にして振動を小さくするなどの形状。

①のリムへの装着方法では、タイヤの中にスチールのワイヤーを入れたり、リムの形状を工夫して外れにくくするタイプのものが多く見受けられます。

1881年にW・カルモンが考案し、“鳩の尾”と呼ばれた図2-13のような断面形状のタイヤをリムの溝に圧入する方法は、後に自動車用としても広く使われるようになりました。

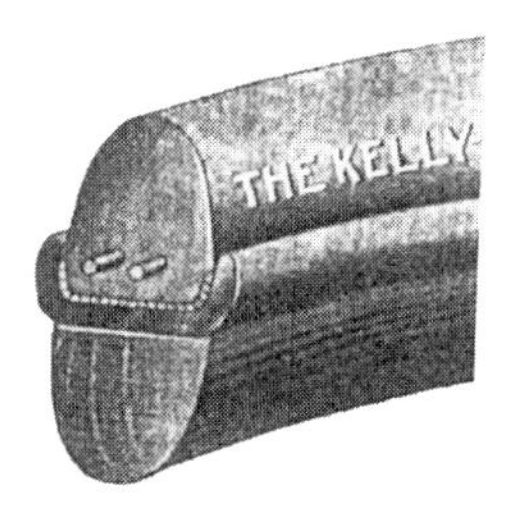

図 2-12　グラントの特許[8)]

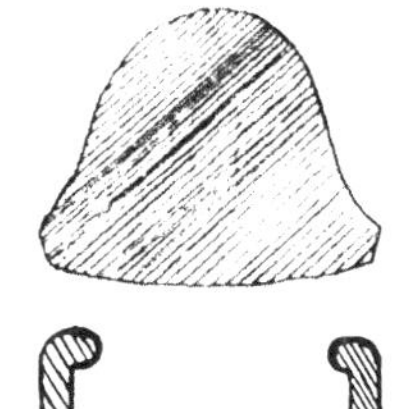
図 2-13　カルモンの特許[8)]

③の振動軽減対策のひとつとしてタイヤの中に空洞を設けることが考えられ“クッションタイヤ”と呼ばれる一連のタイヤが数多くつくられました[8)]。

クッションタイヤ

クッションタイヤは、1884年にマンチェスターのマッキントッシュ社が取得した、「ソリッドタイヤに弾性(resirience)を与えるため、中を空洞あるいは多孔質またはスポンジ状にしたソリッドタイヤ」の特許がきっかけとなって開発が始まり、多くの安全型自転車に装着されました。

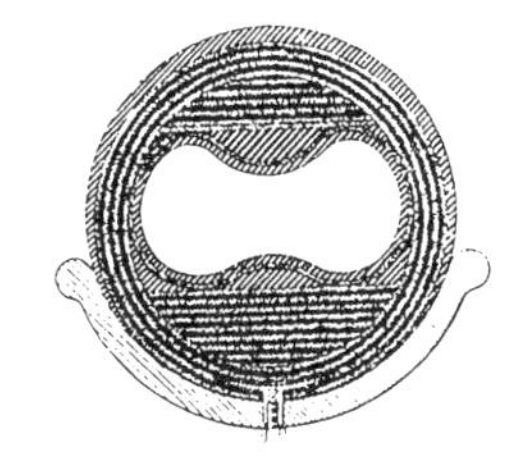

図2-14　バンカー＆キャンベルのクッションタイヤ[8)]

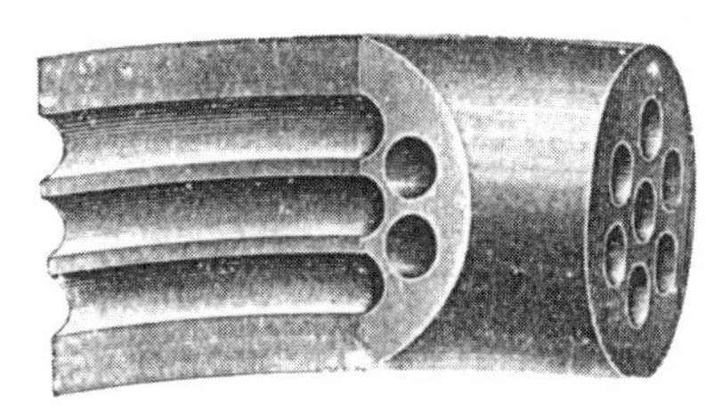

図2-15　フィスクのクッションタイヤ[8)]

当初のクッションタイヤは丸い断面のソリッドタイヤの中に様々な形の空洞を設けたもので、乗り心地はよかったのですが、しばらく乗っていると横にひび割れ(side cracking)ができ、長くは使えませんでした[8)]。そこで、断面形状を変えたり、ゴムの中に繊維の層を設けるなどの対策が施され、少し太くて見栄えはよくないものの需要が増えて、多くのメーカーが様々なクッションタイヤをつくりました。

後に空気入りタイヤが登場すると自転車用としては使われなくなりましたが、このタイヤは1990年代に登場したガソリン自動車に装着され、キャンバスで補強した多種多様な形状・構造のものがつくられて、空気入りタイヤの普及後もソリッドタイヤとともに大型の自動車に長く使われ続けました[8)]。

なお“クッションタイヤ”という呼称は、今日ではフォークリフトや運搬車など走行速度の遅いクルマに装着されているソリッドタイヤ(ノーパンクタイヤ)を指す名称として使われています。

9. 空気入りタイヤの実用化

ダンロップのニューマチックタイヤ

空気入りタイヤを実用化した人として有名なジョン・B・ダンロップは1840年にスコットランドで生まれ、アイルランドのベルファストに移住して、獣医として豊かな暮らしをしていました。ある日のこと、10歳の息子ジョニーから三輪車をもっと楽に速く走らせることはできないのかと尋ねられ、タイヤにクッションのように空気を入れて乗り心地のよいものにすることを思いつきました。

彼は直径40cmばかりの木の円盤を用意し、その周りに空気を入れてふくらませたチューブを取り付け、これを麻の布で包み鋲で止めたホイールをつくりました。そして中庭で、この空気入りタイヤをソリッドタイヤの付いた三輪車の前輪と交互に転がして比べたところ、空気入りタイヤの方が軽々と遠くまで転がることがわかりました。そこで彼はジョニーの三輪車用として、同じつくりでトレッドにゴムのシートを貼り付けたタイヤをつくりました[16)]。

1888(明治21)年２月28日、この初めての空気入りタイヤを付けた三輪車の試走が行われましたが、荒れたでこぼこ道を何のダメージも不都合もなくソリッドタイヤのときより速く走ることができ、ジョニーはたいへん喜んだということです。

ダンロップはおそらく当時市販の始まった様々なスタイルの安全型自転車用として売れるのではないかと考えたのでしょう、この年７月に特許を申請し、ベルファストのメーカーに特別に幅の広いリムのスポークホイールを付けた自転車をつくらせました。そして、この幅広リムに空気を入れたチューブを取り付け、ゴム引きしたキャンバスのベルトをスポークの間を通して、包帯のようにぐるぐると巻き付けたタイヤをつくりました。当時の

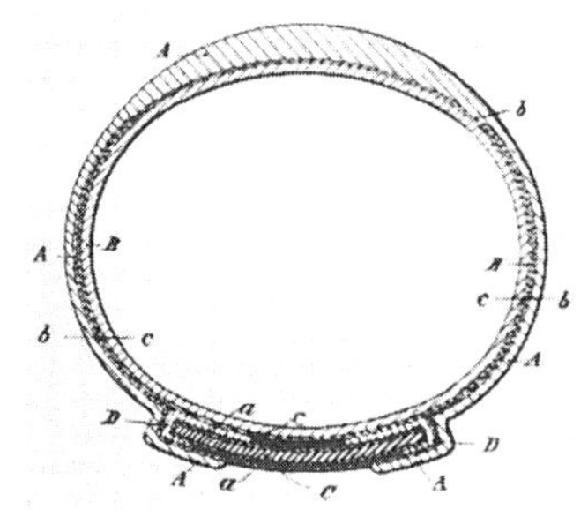

図2-16 “WHEEL TIRE FOR CYCLES”とタイトルが付けられている1890年9月9日付特許の添付図

ゴムには補強や加硫時間短縮のため炭酸カルシウムや亜鉛華など白色の薬品が入っていたので、このタイヤは淡い飴色をしており、まるでミイラ(mummy)のような外観だったようで、ダンロップは“マミータイヤ”と呼んでいました。見かけは頼りなかったものの、何本かつくって走らせてみたところ、そのうちの1本は2000マイル(3200km)を空気が抜けることなく走ることができたということです。

材料として、チューブとして使えるゴム管やゴムを引いたキャンバス、ゴムのシートなどが必要ですが、30年以上も前、1856年のハンコックのゴム製品(図1-5参照)に、すでにゴム管やゴムの袋に空気を出し入れするバルブもあることから、入手はさほど困難ではなかったと思われます。

ニューマチックタイヤの生産

当時はサイクリングクラブ主催の自転車レースが盛んに行われ、レースは選手の能力を競う場であると同時に、次々と開発される新型や改良型の自転車の性能を確認する場でもありました。1889年6月、この新しく発明されたタイヤは、ベルファーストのレースに参加したW・ヒュームという無名の選手の安全型自転車に付けられましたが、観衆はこれを見て“ソーセージタイヤ”と呼んで冷やかしたということです。しかしレースが始まってみると、ヒュームはソリッドタイヤを付けたハイホイーラーのベテラン選手を寄せ付けず、出場した4レースの全てに勝って笑いが止まらなかったということです[16)]。

新発明のニュースは瞬く間に広まって事業化を望む人が現れ、ダンロップは特許権を譲って役員となり、1889年11月、アイルランドの首都ダブリンに世界初のタイヤ工場を建てて空気入りタイヤの独占的な生産を始めました。

ところが翌1890年になって、空気入りタイヤの特許は45年前の1845年にトムソンが取得していることが判明しました(2章－3参照)。そしてその特許権は誤って認められたことが判ったため、誰でもこのタイヤを製造販売できることが明らかになりました。その将来性に気付いていた多くの技術者や実業家たちがこのことを知り、関連特許の申請が急増して、空気入りタイヤの開発が一挙に進むことになります。

10. ダブルチューブタイヤとシングルチューブタイヤ

タイヤのリムへの着脱

ダンロップのタイヤはチューブをゴムを引いたリンネルのキャンバス(亜麻布)とトレッドゴムで包んだもので、タイヤとチューブが別になっていることから、トムソンの“シングルチューブタイヤ”（２章－３参照)に対して“ダブルチューブタイヤ”と呼ばれるようになります。エアリアルホイールは皮のカバーをボルトで木製のリムに止められていましたが、ニューマチックタイヤはリムに直接ゴム糊で接着されていましたので、パンク修理などでリムから外すことが難しいという問題がありました。ダンロップはその対策を考えていましたが、1890(明治23)年のタイヤ関連の特許の中に、リムへの着脱に関する下記２つの特許があるのを見つけました[16)]。

①ワイヤードオン式(wiredまたはwired-on：針金式)

スコットランドの発明家チャールズ・K・ウェルチ(Welch)が1890年９月に得た特許で、図2-17のように、タイヤのリムに接する部分(ビード部)の中にワイヤのリングを入れ、現在の自転車タイヤのリム組みと同じようにU字型のリムの窪み(ウェルベース)を利用してタイヤの着脱を行うタイプ。

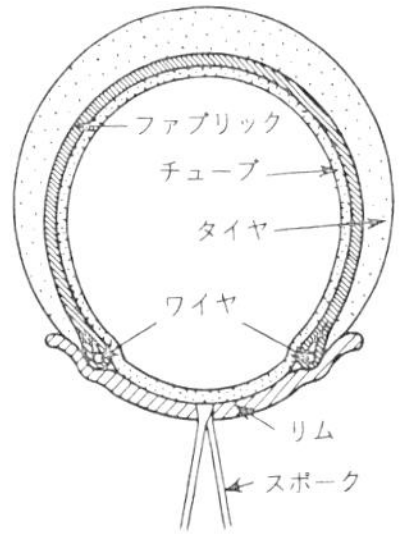

図2-17　ワイヤードオン式リム [16)]

②クリンチャー式(clincherまたはbeaded edge：引き掛け式)

エジンバラでゴム会社を経営していたウイリアム・E・バートレットが、ウェルチが特許を取得した36日後に得た特許で、ビード部を伸びにくく硬いゴムでつくり、リムへの組み付けはレバーを使ってビード部を伸ばすことによって行うタイプ[17)]。

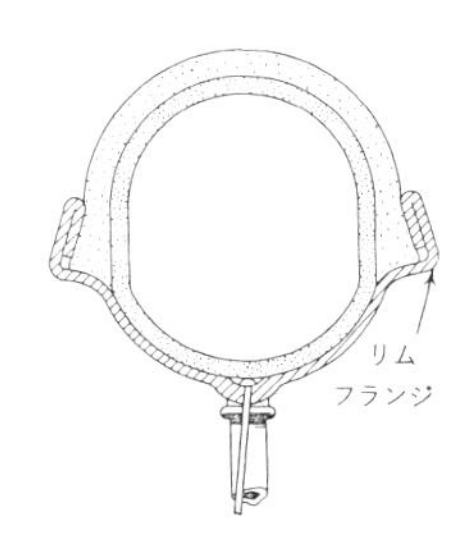

図2-18　クリンチャー式リム [16)]

ダンロップの会社は空気入りタイヤの特許権は失いましたが、この２つの特許とC. H. ウッズが1891年に取得したバルブの特許というニューマチックタイヤの使用に不可欠な特許を買い取り、しばらくはその製造・販売の上で優位な立場に立つことができました。そして1892年、工場をダブリンから自転車メーカーが集中していたイギリス中部のコベントリーに移し、さらに1900年には近くの工業都市バーミンガムに移転して自動車タイヤの製造も始めることになります[16]。

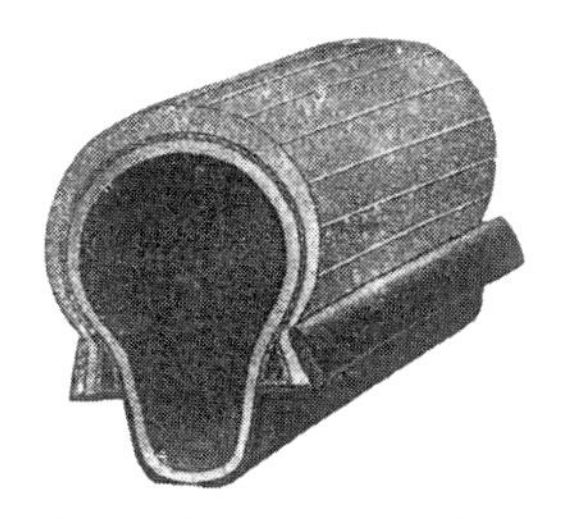

図 2-19　クリンチャー式タイヤ[8]

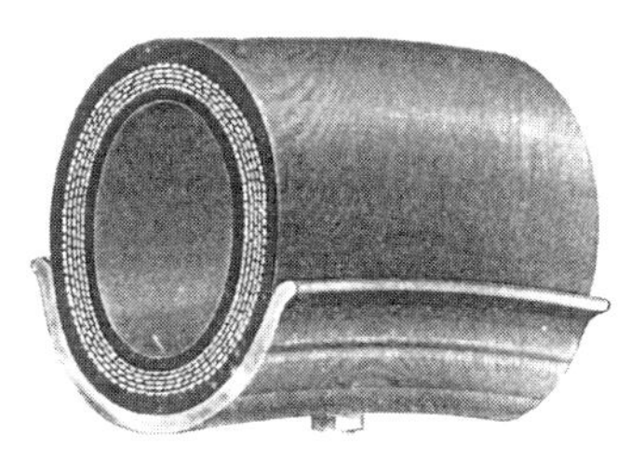

図 2-20　シングルチューブタイヤ[8]

シングルチューブタイヤ

一方、アメリカでは1880年代の後半、ホープのハイホイーラー“コロンビア”の売れ行きを見て、製造業者が次々と自転車市場へ参入し“ブーム”になります。そして、各メーカーは自社の自転車の特長をアピールする手段のひとつとしてタイヤを利用したことから、ソリッド、クッション、ダブルチューブなど様々なタイヤがつくられ、装着されました。

そうした中で、1893(明治26)年にパルドン・W・ティリンガストがシングルチューブタイヤの特許を取得しました。このタイヤは、図2-20のように空洞の大きいクッションタイヤにバルブを付けて空気を圧入したもので、ダンロップのダブルチューブタイヤと同様、リムにゴム糊で接着して使用され、イギリスではチューブレスタイヤとも呼ばれていました[8]。

シングルチューブタイヤは、ホープのコロンビアに装着されてアメリカで広く使われましたが、その後登場した安全型自転車には採用されず、ヨーロッパにも輸出されましたが、イギリスの自転車メーカーはダンロップを選び、興味を示しませんでした。

タイヤの歴史年表１（産業革命から空気入りタイヤの実用化まで）

西暦	和暦	主な出来事	馬車・自転車・自動車・タイヤ
1733	享保18	イギリスの産業革命始まる（ケイの飛杼発明:江戸中期、８代将軍吉宗の時代）	
1736	元文元	コンダミーヌ、南米キトで生ゴムを発見	
1745	延享２	コンダミーヌ、科学アカデミー会報に天然ゴムを紹介する論文を発表	
1770	明和７	イギリスのプリーストリー、ゴムをラバー（rubber）と名付ける	
1773	安永２	アメリカ合衆国独立	
1784	天明４	コート、錬鉄の製法を発明。製鉄業がイギリス産業革命を支える	イギリスで郵便馬車が走り始める
1785	天明５	カートライト、力織機の特許を取得。この頃、産業革命が綿産業を中心に進展する	
1789	寛政元	フランス大革命始まる	
1795	寛政７	イギリスのペール、テルペン油を溶剤に使った防水布の特許を取得	
1802	享和２	フランスで生ゴムからゴムバンド、ガーターベルトなどがつくられる	
1804	文化元		イギリスのエリオット、馬車用楕円型スプリングを発明
1812	文化９	14年まで、米英戦争によりイギリスからの輸入が途絶え、アメリカの経済的自立が始まる	
1815	文化12		イギリスのマカダム、砕石道路工法を確立し、馬車用の有料高速道路を建設
1817	文化14		イギリスのアッカーマン、馬車の操舵装置の特許を取得
1820	文政３	イギリスのハンコック、混練り機の特許を得る	
1823	文政６	マッキントッシュ、生ゴムをナフサで溶かし防水生地の生産を始める	
1825	文政８	スティーブンソンの蒸気機関車が客車を曳いて走り、鉄道時代の幕開けとなる	
1827	文政10	アマゾンのゴム生産量31トン	
1830	天保元		大型四輪馬車の絶頂期。以後鉄道の発達により衰退期に入る
1839	天保10	グッドイヤーがゴムの加硫処理法を発見、1844年にアメリカの特許を取得	イギリスのマクミラン、脚をあげて乗ることができるペダル付き自転車を発明
1843	天保14	ハンコック、加硫法をゴムの製造技術としてほぼ確立、イギリスの特許を取得	

1844	弘化元	ハンコック、この頃レインコート、ゴムホース、ローラーなど多くのゴム製品をつくる	
1845	弘化2		トムソン、空気入りタイヤ「エアリアルホイール」を発明
1846	弘化3		ハンコックが馬車用ゴムタイヤの生産を始め、小型の馬車から鉄のタイヤがソリッドゴムタイヤに変わりはじめる
1857	安政4	1850年代、各種ゴム製品の製造により需要が高まって価格が上昇、アマゾン河流域のゴム生産量が急増し、この年2600トンとなる	
1861	文久元		パリのミショー、前輪にクランク軸とペダルを取り付けたベロシペードをつくる
1871	明治4		イギリスのスターレーとヒルマン、スポークを取り付けた大きな前輪の自転車「アリエル」を販売
1875	明治8		ソリッドラバータイヤがホイールに取り付けられ、サイクリングが楽になる
1876	明治9	イギリスのウィッカムがアマゾンから持ち出したパラゴムの種がキュー植物園で発芽する	
1884	明治17		マッキントッシュ社がクッションタイヤを発売
1885	明治18		イギリスのスターレー、前後輪同サイズの安全型自転車「ローバー」を発売
1886	明治19		ドイツのベンツが三輪、ダイムラーが四輪のガソリン自動車を開発
1888	明治21		ダンロップ、自転車用空気入りタイヤの特許取得
1889	明治22	東南アジアのゴム農園の経営が軌道に乗りはじめ、半トンの栽培ゴムが生産された	
1890	明治23		ウェルチが針金式、バートレットが引き掛け式のリムへの着脱可能なタイヤの特許を得る
1891	明治24		フランスの馬車メーカー ルバソール、自転車メーカープジョーがダイムラーのエンジンを搭載した自動車の製造を始める
1892	明治25		フランスのミシュラン兄弟がリムに複数のリングで固定するタイヤの特許を取得
1893	明治26		ダイムラーに自動車として初めてソリッドタイヤが装着される

コラム

イギリスのタイヤ関係主要都市

タイヤの歴史には、空気入りタイヤが発明された関係からかイギリスの地名が多く出てきますので、主要都市をマップにまとめました。

イギリス(英国)の正式名称は「グレートブリテン及び北アイルランド連合王国(United Kingdom of Great Britain And Northern Ireland：UK)」で、イングランド、ウェールズ、スコットランド、北アイルランドという4つの“カントリー”と呼ばれる国が連合して立憲君主制国家を形成するという独特の政治体制が採られており、国土の広さは日本の6割程度です。

首都ロンドンとイギリス第2の都市バーミンガムとの距離は約180kmで、ほぼ東京—静岡間に相当します。

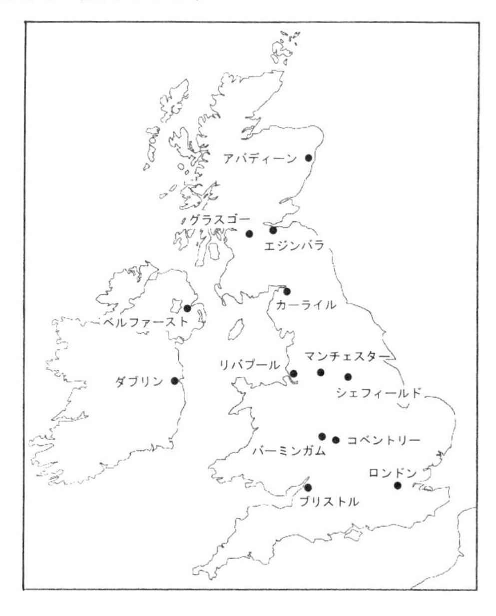

第3章
乗用車用タイヤの変遷

空気入りタイヤは1890年代に量産が始まったばかりのガソリン自動車に装着され、その改良は乗用車の開発と並行して進められました。

本章では以下の項目について順次述べていきます。

・史上2回目の自動車レースに登場した空気入りタイヤ
・馬車と自動車の違い
・初期の自動車用タイヤの構造
・すだれ織りコードの発明
・野生ゴムから栽培ゴムへの転換
・合成ゴムの開発
・日本におけるタイヤ産業の始まり
・タイヤの形状と空気圧の変遷
・バイアスタイヤからラジアルタイヤへ
・ベルテッドバイアスタイヤとチューブレスタイヤ
・ラジアルタイヤの進化
・冬用タイヤの変遷

1. 自動車用タイヤの始まり

ガソリン自動車の誕生

ジョン・K・スターレーが現在の自転車の原型となったローバーを発表した1885年の秋、ドイツのエンジニア、カール・ベンツがガソリンエンジンを搭載した世界初の三輪自動車をつくり、翌1886(明治19)年に特許を取得しました。そしてこの年、ゴットリープ・ダイムラーも世界初となるガソリンエンジン駆動の四輪自動車を走らせます。安全型自転車とほぼ時を同じくして誕生したガソリン自動車ですが、イギリスやフランスでの自転車の普及とは裏腹に、当時のドイツは道路が未整備など自動車を受け入れる社会状況になく、人々の関心を引くことはありませんでした[1)]。

これに対して、19世紀初頭にナポレオンによって道路網が整えられた隣国フランスでは公道での自転車レースがたびたび開催され、パリをはじめ主要都市では後に自動車に代わるブルーム型(2章－4参照)など軽快な馬車が盛んに往来していました。このような交通環境にあって、ガソリン自動車の本格的な生産を始めたのは、フランスにおけるダイムラーエンジンの製造権を取得したパリの馬車メーカー、パナール・ルバソールで、1891年のことでした。そしてほぼ同時に、自転車メーカーのアルマン・プジョーが同じダイムラーのエンジンを使って自動車をつくり始めました。

パナール・ルバソールはエンジンを前方に置き、後輪を駆動するFR方式(フロントエンジン・リヤドライブ)でホイールは木製、プジョーはエンジンを座席の下に置くRR方式(リヤエンジン・リヤドライブ)で、ワイヤースポークホイールを使っていましたが、タイヤはいずれもソリッドゴムでした。

こうしてフランスの自動車業界は、軽量化され実用的になった蒸気自動車や改良の進んだ電気自動車にガソリン自動車が加わり、入り乱れて覇を競うという状況となりました。そして1894年、当時フランス最大の日刊紙「ル・プティ・ジュルナル」が、一般大衆への自動車の紹介と同時に新聞の部数を拡大しようと、ひとつのイベントを企画します。それはパリとその西北126kmにあるルーアンの間を往復して、クルマの安全性、快適性、経済性を競うもので、この史上初の自動車レースには102台もの参加申し込みがありました。予選を通過した24台が走り、トップでゴールしたのはド・ディオン・ブートンの蒸気自動車でしたが、競技の目的に照らしてパナール・ルバソールとプジョーが１位となりました。14台中13台が完走したガソリンエンジン車に対して、蒸気自動車で完走できたのは６台のうち１台だけで、誰の目にも信頼性の点ではガソリン自動車が優位にあることは明らかでした[2]。

ミシュランのニューマチックタイヤ

そして翌1895年に開催された「パリ＝ボルドー往復自動車レース」に、アンドレ・ミシュランとエドワール・ミシュランの兄弟が、開発されたばかりの空気入りタイヤを装着したガソリン自動車で参加することになります。

ミシュラン兄弟は叔父が経営していたフランス中央高地のクレルモンフェラン近郊にあるゴム製品の製造会社を、1889年に受け継いでいましたが、そこではバルブ、チューブ、ソリッドタイヤなどもつくっていました[3]。その関係からか、1891年のある日のこと、１人のサイクリストがミシュランの工場を訪れて、パンクしたダンロップ製タイヤの修理を依頼します。

エドワールはこれを引き受けて作業に取りかかりましたが、タイヤを直すだけで３時間、リムに貼り付けた接着剤を乾燥させるのに一晩もかかってしまいました。このことがあって、彼はリムへの着脱と修理が簡単にできるタイヤの開発を思い立ったと言われており、研究の成果として図3-1のような断面をもつタイヤと、これをスチールのリングでリムにねじ止めする方法の特許を取得し、両方をセットで商品化しました[4]。

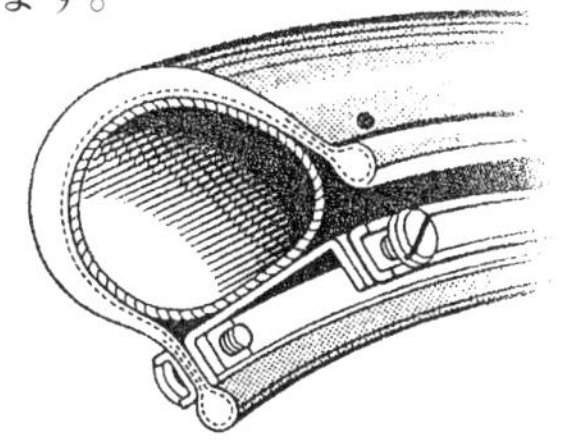

図 3-1　ミシュランの自転車用タイヤとリム[4]

この、パンク修理が15分でできるというタイヤを装着した自転車は、1891年の「パリ＝ブレスト間（約500km）往復レース」で優勝し、ミシュランの知名度は一挙に高まりました。兄弟はさらにその特長をPRしようと、1892年にパリ＝クレルモンフェラン間（約350 km）の自転車レースを開催し、道路に釘を撒いて、パンク修理がいかに簡単にできるかを披露したということです[4]。

2. グレートレースのミシュラン兄弟

パリ＝ボルドー間グレートレース

1895(明治28)年6月、その後の自動車の歴史に大きな影響を与えたことから「グレート」の敬称が付けられた「パリ＝ボルドー往復自動車レース」が開かれました。主催したのは、前年行われた「パリ＝ルーアン往復自動車レース」で最速のクルマであることを実証した蒸気自動車ド・ディオン・ブートンのスポンサーで資産家のド・ディオン伯爵でした[2)]。

図3-2 パリ－ボルドー往復自動車レースのコース[8)]

レースはパリ＝ボルドー間(600 km：JR東海道本線の東京＝神戸間に相当)往復1200 kmを100時間(4日＋4時間)以内に完走するというもので、図3-2のように10ヶ所のチェックポイントを設けて通過時刻を確認し、燃料補給や修理、ドライバーの交替を行うようになっていました。

97台の参加申し込みの中、ガソリン車13台、蒸気車6台、電気車1台とモーターサイクル2台の計22台がスタートしましたが、完走したのは9台で、1～8位をガソリン車が占め、9位に蒸気車が入りました。トップでゴールインしたのはパナール・ルバソールで、ハンドルを握ったエミール・ルバソールは交替することなく1183 kmを丸2日の48時間と48分、平均速度24.2 km /hで走り切りました[2)]。

図3-3 グレートレースのパナール・ルバゾール。後方に見えるのがプジョー[9)]

ガソリン自動車による平均速度毎時24 km(15マイル)の達成はビッグニュースとなり、世界中に報道されました。自動車歴史考証家佐々木烈氏の『日本自動車史』によると、この年11月に発行された『東洋学芸雑誌』に「自動車」としてこのレースの模様が報じられており、「これは、自動車に関するわが国最初の記事である」ということです[5]。

ミシュラン兄弟の奮闘

このレースには、ミシュラン兄弟が空気入りタイヤを史上初めて装着した自動車プジョーで参加し、数多くのパンクに見舞われながらも、規定時間をわずかにオーバーした102時間余りで走り切るという快挙を成し遂げました[3]。

このレースはもともと自動車の技術コンテストとして企画されたもので、クルマは４人乗り以上、修理は車載の部品・工具のみで行うなどの規定がありました。兄弟はこのことを承知の上で、入賞の望めない２人乗りプジョーで参加を申し込み、完走には途中での交換が必須と考えてかタイヤを前後同サイズにしていました。恐らく規定に反しますが、チェックポイントにスペアタイヤを準備し、作業を行う人員を配置していたと思われます。

主催者の配慮で、ミシュラン兄弟のプジョーは２分間隔でスタートする参加車の最後尾からの出発となりましたが、たちまち数台を抜き去り、その速さを見せつけました。しかし、「開発されたばかりのタイヤは150キロ以上はもたなかった」ということで[2]、やがて後輪タイヤのパンクが始まりました[3]。その原因は、兄弟が“エクレール”（稲妻）と呼んでいたプジョーが旧式で、後輪の駆動軸に差動装置が付いていなかったため[6]、走ったあとに、稲光のようなジグザグの跡が付くほどタイヤに無理な力がかかったことによるものと考えられます。後輪には、後車軸の上に置かれているエンジンとチューブや修理用具などを満載した大きな箱の重量によって過大な負荷がかかっていました。当時のビード部に使用されたゴムや布の強度ではこれらの力を支えきれず、リムへの取り付け部分が破損したのではないでしょうか。いずれにしても、大きな困難に屈することなく完走を果たしたミシュラン兄弟に、人々は惜しみない拍手を贈りました。

図 3-4　グレートレースのエクレール[4]

3. ステアリングとディファレンシャル

馬車と自動車の違い

初期につくられた自動車は“ホースレス・キャリッジ”（馬なし馬車）と呼ばれ、馬車にエンジンと、その出力をタイヤに伝えるための動力伝達装置を付けただけの乗り物でした。しかし、自動車は馬車から多くの技術を継承しており、形は似ていますが、馬車がこれを曳く馬の動きを馭者（ぎょしゃ）がコントロールすることによって進むのに対して、自動車はドライバーがハンドル、アクセルペダルとブレーキを操作することによって走るという大きな違いがあります。

この違いが顕著に現れるのがカーブを走るときです。クルマにはカーブがスムーズに回れるように、①前車軸にこのシステムの特許を1817年に取得したイギリスのエンジニア、ルドルフ・アッカーマンの名で呼ばれる操舵装置が、②後車軸にはミシュラン兄弟の“エクレール”に本来ならば備えられているはずの差動装置が付けられています。

アッカーマン・ステアリング

図3-5は馬車と自動車の前後車軸のレイアウトを比較したものですが、馬車の前車軸は“ピボット・ステアリング方式”になっており、車軸と車輪がともにキングピンを中心として馬の進む方向に回ることから広い空間が必要で、馭者の席が高い位置に設けられているのはこのためでもあります。また、左右のタイヤが前後することによってタイヤの接地面（正確には接地圧力中心）の間隔が狭くなり、車体が左右に傾きやすくなるという問題もあります。

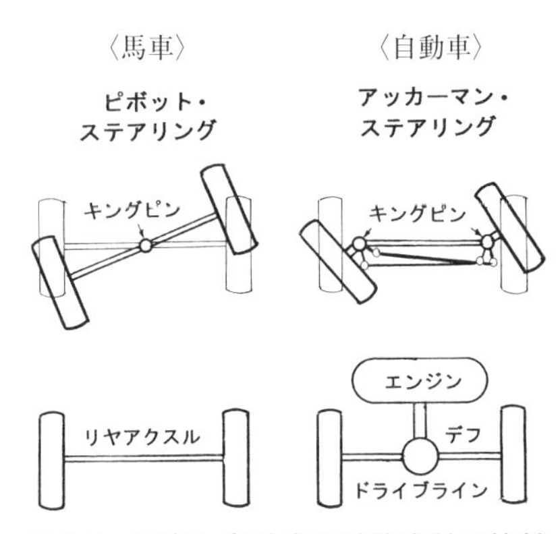

図 3-5　馬車と自動車の前後車軸の比較

アッカーマン・ステアリングはこの事態を改善するため、車軸の両端にキングピンを置いて左右の車輪の回転軸をリンクで結び、タイヤの向き（切れ角：実舵角）だけを変える仕組みです。アッカーマンは左右のタイヤの切れ角を同じにしていましたが、クルマが曲がるときには外側のタイヤが大回りするので、相対的に進む距離が短くなった内側のタイヤに無理な力がかかります。後にこのことに気付いたフランスのジャントーがリンクの形を変え、左右のタイヤの切れ角に差をつけてこのずれがないように改めました。

駆動軸に欠かせない差動装置

差動装置(ディファレンシャル)は、ハイホイーラー自転車を開発したジェームズ・スターレーが三輪タンデム車用に1877年に発明した装置で[7]、カーブで外側のタイヤが内側のタイヤより速く回転すると同時に、左右のタイヤに駆動力が均等に配分されるようにつくられています。自動車のコーナリングに不可欠な装置で、ベンツのガソリン自動車には１号車から装備されており[8]、グレートレースのパナール・ルバソールの後車軸にも付けられていました。このクルマは“システム・パナール”と呼ばれたエンジンを車体前部に置いて後車軸を駆動するFR車で、前後の重量バランスがよく、このレイアウトは後に自動車の標準的な駆動形式になります[9]。

もしミシュラン兄弟のタイヤが旧式のプジョーではなく、このクルマに装着されていたとすれば、パンクの回数が激減し、驚異的な記録が生まれたのではないでしょうか。空気入りタイヤがグレートレースの後、自動車用として急速に普及したのは、人々がこのことを強く感じたからに違いありません。

なお、パナール・ルバソールは、1898(明治31)年に発表された４気筒エンジン搭載モデルから空気入りタイヤを標準装着しています[29]。

タイヤに求められる“伝える”働き

以上の事例から、自動車用タイヤには馬車から引き継いだ重量を“支える”機能に加えて、エンジンから生まれる駆動力や、ブレーキによって発生する制動力、ステアリングによって生じる旋回力をしっかりと路面に“伝える”機能が求められることが分かります。そしてこれらの機能を果たすには何よりもまずタイヤが強靭でなくてはならず、その開発は、空気入りタイヤの宿命であるパンクを防ぐためにも素材と構造の強化を中心に進められることになります。

4. 初期の乗用車用タイヤ

ワイヤードオン式とクリンチャー式

図3-6は初期のダンロップ製自動車タイヤの構造を示したもので、左はワイヤードオン式、右はクリンチャー式タイヤです[10]。ともに4枚のキャンバスを重ねてカーカスとし、これをゴムのシートで覆った上に“ブレーカー”と呼ばれる、路面からのショックを和らげると同時にカーカスを外傷から守る働きをする2枚または3枚のキャンバスとトレッドゴムが貼られています。

図3-6　ワイヤードオン式タイヤ（左）とクリンチャー式タイヤ[10]

ワイヤードオン式タイヤはウェルチのウェルベースリム（2章－10参照）との組み合わせで使用され、ダンロップ社が独占していましたので、その特許が切れるまで他のメーカーは自転車用と同じクリンチャー式で自動車タイヤをつくっていました。

クリンチャー式はビーデッドエッジ式あるいは引掛け式とも呼ばれ、“耳心ゴム”という三角形断面の弾力性のある硬いゴムが入っているビード部をリムに引っ掛けて、3.2～5 kgf/㎠の空気圧で押し付け[11]、タイヤを固定する仕組みになっています。ミシュランがグレートレースの翌1896年に販売を始めた幅90mmの自動車用タイヤもこのタイプで、カーカスはズック（duck：木綿の織物）でした[13]。その後20世紀初めにかけて次々と自動車メーカーが現れ、タイヤメーカーもその数が増えましたが、第一次世界大戦が終わった1918（大正7）年頃までそのほとんどがクリンチャー式で、ダンロップもワイヤードオン式に加えてこのビード部のタイヤもつくっていました。

しかし、1920年代に入って自動車の性能がよくなり、クルマが速い速度でカーブを曲がるようになると、クリンチャー式タイヤではタイヤにかかる横向きの力によって耳心ゴムが伸びてビード部がリムから外れ、ワイヤードオン式タイヤでもビード部が内側にずれてリム底のくぼみに落ちて外れるなどのトラブルが起きるようになります。

対策としてワイヤードオン式タイヤでビードワイヤの数を増やし、空気圧と共にワイヤの張力によってリムを締め付けて固定する方法が考えられました。そしてタイヤの着脱をしやすくするため、ウェルベースの溝の深い“ドロップセンターリム”が考案され、1926年頃からこのビード部とリムの組み合わせが乗用車用タイヤのスタンダードとなり現在に至っています[11]。なお改良されたワイヤードオン式タイヤは、その形状からストレートサイドウォールタイヤとも呼ばれています。

滑りを止めるトレッドパターン

初期の自動車用タイヤにはトレッドパターンがなく、とくに濡れた路面や悪路で滑りやすかったためさまざまな滑り止めの方法が考えられ、数百件に上る特許が認可されて商品化されました[13]。図3-7の左は、1905(明治38)年にダンロップ社が初めてトレッドに横溝を付けて発売したタイヤで、1909年に建設された神戸工場(現住友ゴム工業)で1913(大正２)年に作られた国産第１号タイヤでもあり、国立科学博物館の産業技術史資料に指定されています[14)15]。

図3-7の右は、アメリカのレザー・タイヤ・グッズ社から発売された、トレッドをスチールのリベットを打ち込んだ皮で覆ったタイヤで、広告に「タイヤの滑りを止め、摩耗を防ぎ、パンクなどの外傷からタイヤを守る」とあります[16]。

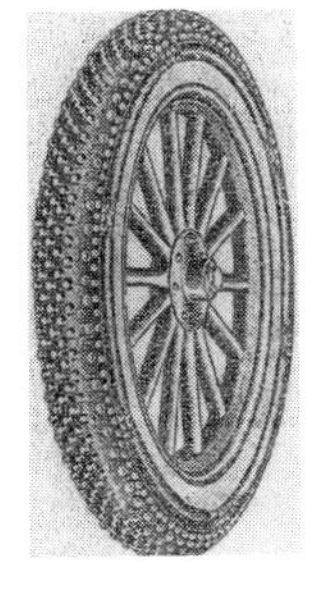

図 3-7　国産第 1 号自動車用タイヤ（左）[14] とリベット付き滑り止めタイヤ [16]

5. カーカスの構成

麻から木綿になったカーカス

タイヤの強度はその骨格をなすカーカスの素材とその構造によってほとんどが決まります。カーカスの材料は、1888年にダンロップがベルファストで最初に自転車タイヤをつくったとき、アイルランド産の亜麻(Irish linen)を用いたことから、後続のタイヤメーカーもこれに倣って麻を使いました[13]。しかし、各社が自動車用タイヤをつくり始めた1890年代後半のカーカスは木綿の織物、ズック(duck)に代わっていました。

こうなったのは、アメリカの複数の自転車タイヤメーカーでカーカスに不可解な不具合が生じ、その原因が接地部分のたわみによって縦糸と緯糸がこすれ合い、糸がすり切れるためと考えられたのがきっかけでした。糸のこすれに対しては、表面が粗くて硬い麻糸よりも弾性があって柔らかい綿糸の方が抵抗力があり、それも繊維の長いシーランドコットン(海島綿)がベストということになったようです[13]。引っ張る力に対しては木綿よりも麻のほうが圧倒的に強いことを考えると、カーカスの素材として木綿の方が優れていると言えるかどうかは疑問ですが、結果としてこの情報はヨーロッパにも伝わり、カーカスにはコットンのズックを用いるのが普通になりました。

引き裂かれたタイヤ

初期の自動車用タイヤのカーカスはこのズックを4枚以上重ねてつくられており、当時の自動車の重量を支えるには充分な強さがあると考えられていたようです。しかし、実際には使っているうちにトレッドゴムがカーカスごと斜めに裂けたり、ズックの重なった部分が剝がれるなどの損傷が発生し[13]、その寿命は1000～1万km、平均4000km程度でした[17]。このタイヤが裂ける原因については、いろいろと考えられた中で、裂け目の方向から判断して、駆動・制動時に生じるホイールを回す力によって接地部分でカーカスがリムの接線方向に引っ張られ、上記のたわみによる縦糸と緯糸のこすれ合う力が大きくなってすり切れる可能性が指摘されました[13]。(この接線方向の力については2章－6のハブとタンジェントスポークの関係を参照ください)

すだれ織りコードの発明

このような背景の中で、1908(明治41)年、アメリカのジョン・F・パーマーが“縦糸だけ”の布2枚を、糸の方向が交差するように重ね合わせ、その両面にゴムのシートを貼り付けてカーカスとして用いる自動車タイヤの製造特許を取得し、上記の問題を解決する道を開きました。この太い綿糸(コード)を縦糸とし、ごく細い糸を緯糸とした布に薄いゴム膜を貼り付けたものはプライ(ply:層)と呼ばれ、その形が日よけの簾に似ていることから“すだれ織り”と呼ばれています。

その製品化を最初に行ったのは1910年のグッドリッチで[15]、1915年のファイアストンなど他のメーカーもこれに続き、ダンロップは1922年にコードを平織りからすだれ織り変えてタイヤの平均寿命が3倍以上になりました[10]。

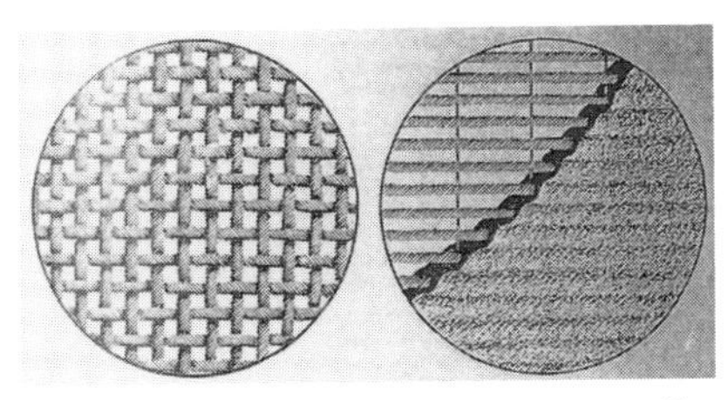

図3-8　平織り（左）とすだれ織り[12]

この縦糸だけの布でタイヤをつくる方法は、パーマーが15年前の1893年に特許を取得し、自転車用タイヤに使われていました。それは、縦糸だけの布を所定の幅の帯(ストリップ)につくり、このストリップを図3-9のように心棒にらせん状に巻き付け、その上に別のストリップを下の糸と交差するように逆方向に巻いてカーカスとしたものです。その上にゴムを貼り付け、心棒を抜いて管の両端を接合し、形を整えて加硫すれば縦糸と緯糸が交わることのないシングルチューブタイヤとなるわけで、このタイヤは自転車レースに使われたということです[13]。

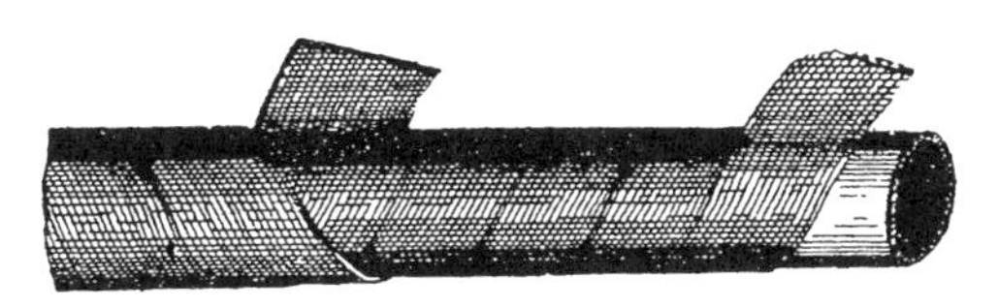

図3-9　パーマーのシングルチューブタイヤ[13]

6. 天然ゴムと合成ゴムの生産

ゴムの需要拡大

1890年代にフランスでスタートしたガソリン自動車の製造は、ドイツ、イギリス、イタリアなどヨーロッパ諸国でも始まり、1900年代に入るとアメリカへも広がって世界規模で自動車産業が成立、これに伴ってタイヤ産業も拡大の一途をたどります。そしてヘンリー・フォードのＴ型フォードの生産が始まった1908(明治41)年を境に、タイヤの50％を占める原料ゴムの需要が急激に増えました。小規模ながらゴム製品の製造が始まった19世紀初め(１章－５参照)に遡って、ゴム生産の歴史をたどってみましょう。

生ゴムをそのまま加工してゴム製品がつくられていた時代の1827年(江戸時代後期の文政10年)、アマゾン河流域のヘベア樹から採集された天然ゴムは31トンに過ぎませんでした。しかし1839年のグッドイヤーによる加硫処理法発明をきっかけとして、1840年代にハンコックらによってゴム製品の製造技術がほぼ確立されると、生ゴムは工業原料のひとつに位置付けられてその需要が急速に高まります。そして価格上昇も手伝ってゴム・ブームが到来、1857(安政４)年にはアマゾンのゴム生産量が2600トンになります[18)19)]。

この頃のイギリスの政治家、実業家などの最大の関心事は世界中に広がった植民地の経営であったことを察知した上でのことでしょう、1855年、ハンコックはロンドンの王立キュー植物園長に手紙を送り、ブラジルが独占しているゴムを同じ気候の東南アジアの植民地で栽培することを強く勧めました[20)]。

野生ゴムから栽培ゴムへ

何度かの試みのあと、1876(明治９)年、ヘンリー・A・ウイッカムによってアマゾン流域で採取されたヘベア種子がキュー植物園で発芽し、苗木がセイロン、そしてマレー半島に運ばれてその地で活着します[21)]。この苗木を種子が採れるまでに育てることから始まったヘベア樹の栽培ですが、その繁殖、ラテックスの採取、生ゴムへの加工などの技術開発には約25年の歳月が必要でした。その途上の1889(明治22)年、東南アジア全体で半トンの栽培ゴムが生産され、ゴム農園の経営が軌道に乗り始めます[18)]。

最初に述べた自動車産業ですが、アメリカのヘンリー・フォードが事業を始めた1903年、およそ1500を超える会社が自動車の製造に乗り出そうとしていたと言われ[18]、タイヤ用ゴムの需要は年々増加して1905年に野生ゴムの価格が高騰、10年には史上最高値が付きました。この刺激を受けて栽培ゴムは急激に生産を伸ばし、1912(大正元)年、ついにブラジルの野生ゴム生産を追い越して、第一次世界大戦の始まった1914年にはイギリスの植民地が世界のゴムの80%近くを生産するに至ります[20]。

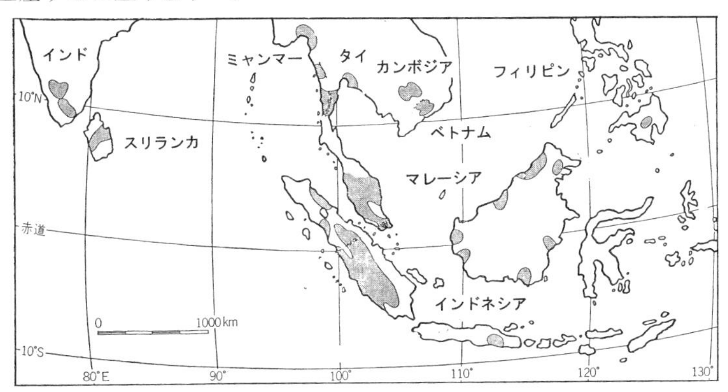

図3-10　1880年代東南アジアのゴム農園分布図[18]

合成ゴムの開発

1910年代の野生ゴムの高値は、天然ゴムと同じ性質をもつ物質を化学合成によってつくる「合成ゴム」生産のための研究を大いに促進しました。合成ゴムの研究は、キュー植物園から送られたヘベア樹の苗木がセイロン島で順調に育ちつつあった1879(明治12)年、フランスのブーシャルダが天然ゴムを化学処理して「ゴム状」の物質を得たのが初めてとされています[18]。その後1910年から1914年にかけて合成ゴムに関する特許が何百件も出願されました[17]。

1912年、ジャガイモを原料としたジメチルブタジエンを使う「メチルゴム」が開発され、1914(大正３)年から始まった第一次世界大戦中に天然ゴムの輸入を断たれたドイツで工業生産されましたが、タイヤ用としては低温時に硬化する欠点があり、強度が低かったため戦後は生産が中止されました[17]。

7. タイヤ材料の進化

スチレンブタジエンゴム（SBR）の開発

第一次世界大戦後の1926～28年ごろ、ドイツで通称“ブナ”と呼ばれる合成ゴムがつくられました。これは現在でも使われている“ブタジエンゴム”で、1933（昭和８）年にはこのブタジエンとスチレンという、ともに石炭から得られる化合物を共重合（５章－５参照）させて“ブナS”、後に改良されて“スチレンブタジエンゴム（SBR）”と呼ばれる合成ゴムが開発されました[18]。このゴムは多くの性能において天然ゴムに匹敵し、合成ゴムとしては最も大量に生産されています。ナチス政府は1933年にこのブナS系ゴムの大増産計画を立て、1930年代末にはアメリカへ製品を輸出すると同時に、石油化学会社へ技術輸出をするまでになります。そして1939（昭和14）年に始まった第二次世界大戦中は、このゴムで大量の軍用車用タイヤがつくられました。

1942（昭和17）年、この大戦に参戦した日本軍は、当時世界の栽培ゴムの70％以上を生産していた東南アジアを占領します。天然ゴムの輸入を断たれたアメリカは国策として合成ゴムの製造を強力に推進し、グッドイヤー、ファイアストン、BFグッドリッチなどのタイヤメーカーによって量産体制が整えられて、戦後世界最大の合成ゴムとタイヤの生産国となりました。急増するブナ系ゴムの原料ブタジエンの過半は急成長した石油化学工業が供給しました[22]。

ゴムの三大発明

『ゴム物語』（中川鶴太郎著）によると、ゴムには３つの大発明があるということです[18]。その〔第１〕は言うまでもなく1839年のグッドイヤーによる加硫法の発明ですが、〔第２〕にゴムの補強剤としてのカーボンブラック発見が挙げられています。ゴムの補強には様々な物質が試みられ、1890年代からは酸化亜鉛が使われていましたが、1904年にイギリスのS・C・モート（Mote）によって、ゴムに適切な量のカーボンブラック（煤（すす））を加えると、強度や耐久性が著しく向上することが発見されました。そして1910（明治43）年頃、アメリカのグッドリッチ社がこのカーボンブラックを添加したタイヤを発売すると、タイヤの色は一気に黒色へと変わっていきました[23]。

〔第３〕は1905(明治38)年、アメリカのＧ・オーエンスレーガーが発見したアニリンの加硫促進効果です。加硫促進剤は配合ゴムの加硫にあたって加硫剤(ほとんどが硫黄)に作用し、化学反応の速度を速くするので、タイヤが比較的低い温度で短時間につくれるようになりました。

タイヤコードの変遷

乗用車用タイヤは1910年代にゴムがカーボンブラックで補強され、1920年代にすだれ織りカーカスになって丈夫にはなりましたが、外傷や偏摩耗で残溝はあるのに廃品となるケースが多く、何よりも耐久性の向上が課題でした。しかし、当時はコットンが唯一の工業繊維であったため、コードのメーカーがタイヤに適した原綿を仕入れ、選別、撚(よ)りなど加工方法の改良によってより強い綿コードを供給してくれるのを待つしかありませんでした。

その期待に応えて最初に登場したのが化学繊維レーヨンです。工業生産が始まったのは20世紀初めと言われていますが、タイヤ用としては1937(昭和12)年からアメリカで、日本では戦後の1950(昭和25)年から使用されるようになりました。コットンより２～３倍も強度が高いことからタイヤの耐久性が大幅にアップ、プライの数を減らしてその軽量化が図られました。

次に1936年、アメリカ、デュポン社のウォーレス・Ｈ・カロザースによってナイロンが発明されましたが、タイヤコードとして使われるようになったのは戦後の1947(昭和22)年で、日本では1958年になってからでした。レーヨンの約２倍の強度がありますが、伸びが大きいことからタイヤの寸法がばらつき、クルマの操縦安定性がレーヨンより劣るため、乗用車用タイヤに使われたのは短い期間でした。駐車中に接地部分が平らに変形し、走り出した直後に振動が発生する“フラットスポット”と呼ばれるトラブルもありました。

さらにポリエステルが1940年代初めにイギリスのキャリコプリンターズ社によって発明され、デュポン社によって工業化されてアメリカで1962(昭和37)年、日本では1964年からタイヤコードに使われるようになりました。今日のラジアルタイヤのカーカスはほとんどがこのポリエステルです[11)24)25)]。

8. 日本におけるタイヤ産業の始まり

人力車用タイヤ

ダンロップのタイヤ工場がダブリンに建てられ、本格的な自転車タイヤの生産が始まった1889(明治22)年、東京や大阪の街を駕籠に代わるプライベートな乗り物として人力車と自転車が走っていました。

1870(明治3)年に東京の和泉要助らによって発明された人力車は、1875(明治8)年には全国で11万台に増え、1896(明治29)年には21万台のピークに達しました。当初のタイヤは鉄板でしたが、1909(明治42)年頃からソリッドタイヤが付けられ、その割合が9割に達した1912年頃からは空気入りに代わり、1914(大正3)年にはほとんどの人力車が空気入りタイヤで走るようになりました[26]。

自転車用タイヤ

自転車は明治初年に貸自転車用としてミショー型やオーディナリー型(2章－6参照)が輸入され、国産化もされましたがその数はごくわずかででした。タイヤが鉄板かソリッドタイヤだったこともあって、若者たちが面白がって乗り回す程度で、実用的な乗り物ではなかったようです。しかし1892(明治25)年前後と言われていますが、空気入りタイヤを付けた安全型自転車(2章－7参照)が輸入されると、やがて富裕層のステータスシンボルとなり、乗る人が次第に多くなります。そして日露戦争の終わった1905(明治38)年頃からは会社・商店の業務用として急速に普及し、明治40年代になると国内の自転車数は1年ごとに10万台以上も増え続けました[27]。

自転車が全国に広がった1900(明治33)年頃のタイヤはほとんどが輸入品で、その多くはグッドリッチとパーマーのシングルチューブタイヤでした。ダンロップのクリンチャー式タイヤも輸入されましたが、品質はよかったものの価格がすこぶる高く、売れ行きは芳しくなかったようです。日本でタイヤが最初につくられたのは1903(明治6)年、東京の明治護謨製造所での自転車用タイヤの製造とされています[28]。

自動車用タイヤ

日本に自動車が初めて渡来したのは1898(明治31)年で、フランスのマリー・

テブネがパナール・ルバソールを持参して、築地のホテルから上野公園まで宣伝のためのデモンストレーション走行を行いました[5]。1895年のグレートレースのわずか３年後なので、タイヤはソリッドタイヤだったと思われます。

日本の自動車の保有台数は1907(明治40)年に16台でしたが、1908年約30台、1912年約500台と増えていきました[28]。そして1903(明治36)年当時に輸入されたトレド蒸気自動車やガソリン車オールズモビルにしても、４人乗りくらいまでの乗用車はすでに空気入りタイヤになっていました。日本で初めてのタイヤ販売店は大阪の岡田商店で、1902年にアメリカのグッドリッチ社製モルガン・ライト式筋入り二重タイヤの販売広告を出しています[29]。

ダンロップ護謨(極東)の創業

日本におけるゴム工業の始まりは1886(明治19)年に創設された土谷護謨製造所とされており、続いてゴム製品の加工メーカーが全国各地に相次いで誕生しました[15]。しかしその生産規模はいずれも家内工業的なもので、輸入に頼っていたゴム製品の本格的な国産化が始まったのは、ダンロップの日本工場稼働がきっかけでした。

1909(明治42)年、ダンロップ社はイギリスの経済圏拡大の波に乗って極東への進出をはかり、香港にダンロップ護謨(極東)株式会社を設立します。そして６ヶ月後、神戸に日本支店を設けて工場を建設、操業を始めました[30]。

生産が始まったのは自転車用と人力車用のクリンチャー式タイヤが1910(明治43)年で、自動車用タイヤは1913年になってからでした。それに先立つ1911年にイギリスのゴム製品製造会社イングラム社の分工場である日本イングラム社と合併し、ゴム管、手袋、水枕、フットボールチューブなど、工業用・医療用ゴム製品の製造も始めています。ダンロップ護謨(極東)の世界的にも最新の製造設備と最先端の生産技術は他のゴム製品メーカーの手本となり、日本のゴム工業に大きな転機をもたらしました。

9. タイヤの形状と空気圧の変遷

タイヤの偏平化、低空気圧化

自動車の走行速度が黎明期の25km/h程度から、改良が進んで80km/h以上になると、コーナーをなめらかに曲がるためにトレッド幅の広い偏平タイヤが必要になり、スピードアップにつれて激しくなる路面からの振動を和らげるために空気圧を低くすることが求められるようになります。

タイヤの偏平さはタイヤの断面の高さを幅で割って%で表した数字"偏平率"で表されますが、その移り変わりを図3-11でドイツ、コンチネンタルタイヤの例を示します[31]。なお、断面図の数値は偏平率を比で表してあり、"Serie"はシリーズ、"Reifen"はタイヤを意味しています。

①高圧タイヤ(High Pressure Tire)

コンチネンタル社は1871(明治4)年ハノーファーに設立され、1892年から自転車用空気入りタイヤを、1898(明治31)年から自動車用タイヤの生産を始めています。初期の自動車用タイヤは後に高圧タイヤと呼ばれ、自転車用タイヤと同様に、外径と同時に断面積を大きくし、空気の容量を増やしてクルマの重量を支えるという発想でつくられており、6.3～7.0kgf/㎠(630～700kPa)という高い空気圧で使われていました[10]。図3-12の左端のタイヤは1904年にコンチネンタルが発表した世界で初めてのトレッドパターン付きタイヤです[9]。

②バルーンタイヤ(Balloon Tire)

1920年代にすだれ織りコードでカーカスが強化され、高圧タイヤとほぼ同じ大きさのタイヤで空気圧4.2～4.9kgf/㎠、さらに乗り心地をよくするため断面積を大きくしたバルーン(風船)タイヤは2.1～2.4kgf/ ㎠で使えるようになりました[10]。コンチネンタルがコードタイヤを発表したのは1921(大正10)年です。なお、1915年にコンベア生産の始まったT型フォードのタイヤ空気圧は前輪1.9kgf/㎠、後輪2.1kgf/㎠でした[17]。

③低圧バルーンタイヤ(Low Pressure Balloon Tire : Super Balloon Tire)

1930年代になると、クルマの性能向上によって、タイヤにさらなる耐久性のアップに加えて操縦安定性や耐摩耗性が求められるようになります。対策として偏平率を100％から96％にしてトレッド幅を広くし、タイヤの構造やゴムを改良して、荷重によっては1.7kgf/cm²でも使えるタイヤがつくられるようになりました。そして日本では1950(昭和25)年にJIS(日本工業規格)で自動車用タイヤの諸元が制定され、この偏平率のタイヤは第１種タイヤと名付けられて、以後空気圧は荷重に応じてその値が定められるようになりました[32]。第１種タイヤには、例えば1950年代後半に発売されたトヨタのコロナや日産のブルーバード用5.60－13(タイヤ幅5.6インチ＝14cm、リム径13インチ)があります。

④JIS第２種タイヤ：偏平率86％のバイアスタイヤです。5.60－13相当のサイズは6.00－13で、タイヤ幅が６インチ＝15cmと少し広くなっています。

⑤JIS第３種タイヤ：偏平率82％のバイアスタイヤです。5.60－13相当のサイズは6.45－13(タイヤ幅16cm)で、1950年代に普及しました。

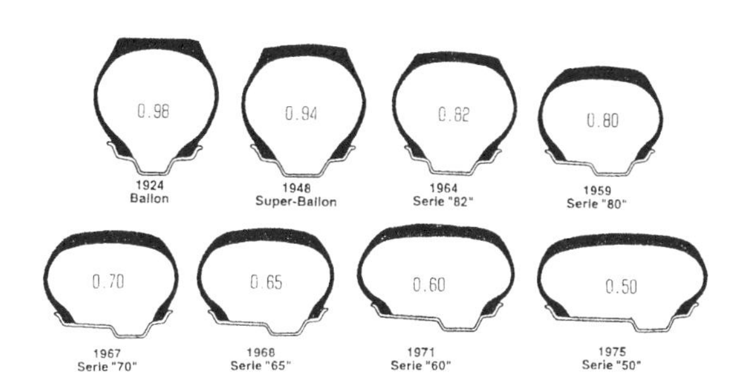

図 3-11　コンチネンタルタイヤの偏平率の変遷[9]

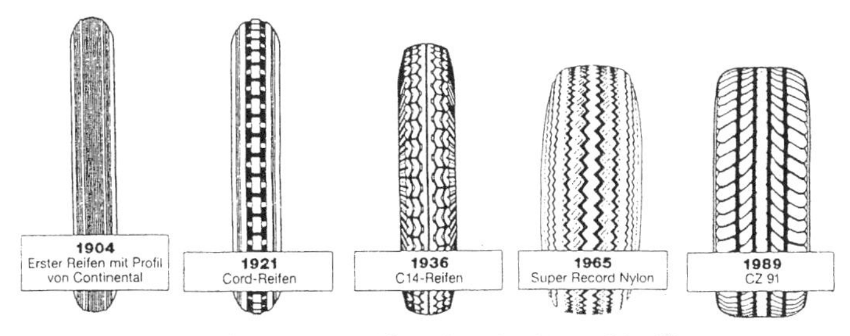

図 3-12　コンチネンタルタイヤの変遷[9]

10. バイアスからラジアルへ

ラジアルタイヤの構造と特徴

ラジアルタイヤは、カーカスコードをトレッドの中心線に対して直角、横から見て放射(ラジアル)方向に置き、その上へ周方向に剛性の高いベルトを設けたタイヤで、ラジアルベルテッドタイヤを略して“ラジアルタイヤ”と呼ばれています。ベルトによってトレッドゴムの変形が抑えられることから、良好な舗装路では高速走行時の操縦安定性がよく、バイアスタイヤの約2倍と耐摩耗性に優れ、転がり抵抗が小さいという利点がありますが、悪路での振動吸収性がよくないのが欠点です。

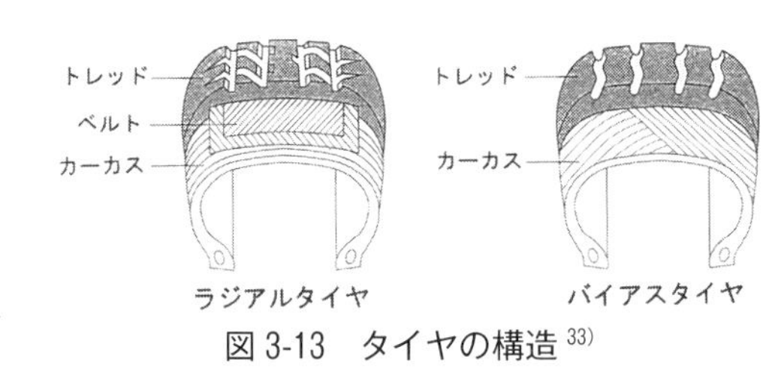

図3-13　タイヤの構造[33)]

ヨーロッパにおけるラジアルタイヤの普及

1945年に第二次世界大戦が終わってヨーロッパの自動車メーカーが相次いで乗用車の生産を再開、自動車産業が発展のきざしを見せ始めた1949(昭和24)年、ミシュラン社がラジアルタイヤ“ミシュランX”を発売しました[4)]。その構造は1枚のレーヨンカーカスの上に3枚のスチールコードを配したもので、その性能が高く評価され、1951(昭和26)年にイタリアのランチアに標準装着されるなど、販売を伸ばしました。

他のメーカーもラジアルタイヤの開発を進めていましたが、ミシュランがスチールベルト構造を特許でカバーしていたため、イタリアのピレリはレーヨンコードを4枚重ね

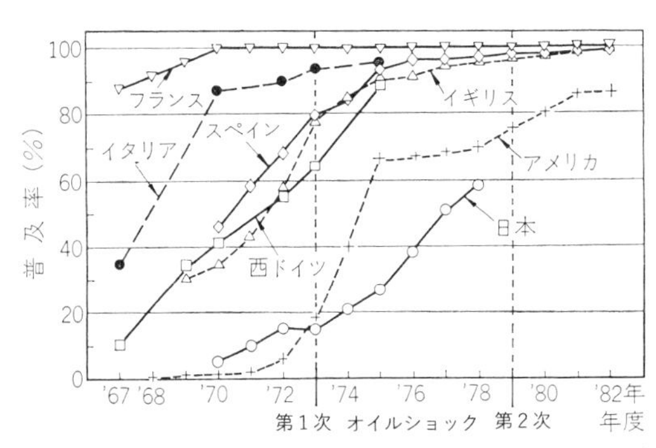

図3-14　各国の新車用乗用車タイヤ市場でのラジアルタイヤ普及率[34)]

たベルトの構造とし、1953年に発売しました[24]。このテキスタイルラジアルタイヤは操縦安定性や耐摩耗性はスチールラジアルに及びませんが、乗り心地のよいラジアルとして市場に受け入れられ、1958(昭和33)年にダンロップ、1960年にはコンチネンタルもこの構造でラジアルタイヤの市販を始めて、それぞれの国で図3-14のグラフのようにその普及が進みました。

日本におけるラジアルタイヤの普及

日本で最初に市販されたラジアルタイヤもこのテキスタイルラジアルでした。住友ゴム製のダンロップSP 3がそれで、ミシュランX発売の17年後、1966(昭和41)年になってからのことでした[30]。ラジアルタイヤの国産化が遅くなったのは、主として当時の道路事情によるもので、ヨーロッパでラジアル化が始まった1950年代には日本の道路のほとんどが未舗装だったのがその原因です。東京～大阪の1級国道1号線の全線舗装が完了した1962(昭和37)年[35]、名神高速道路栗東～尼崎間が開通した1963年を節目として、ラジアルタイヤの特長が生かせる道路環境が徐々に整い、図3-15のようにラジアル化が進みました。

そして1967(昭和42)年、ミシュランがXの後継タイヤとしてスチールコード2枚のベルトで乗り心地が改良された"ミシュランZX"を発売すると、テキスタイルラジアルとの性能差が明らかなものとなり、ヨーロッパでテキスタイルからスチールベルトへの転換が進みます。日本でも1975(昭和50)年にブリヂストンがRD－108Vを発売[36]、1975年型新車から標準装着が始まって、全ての乗用車用タイヤがスチールラジアルになりました。

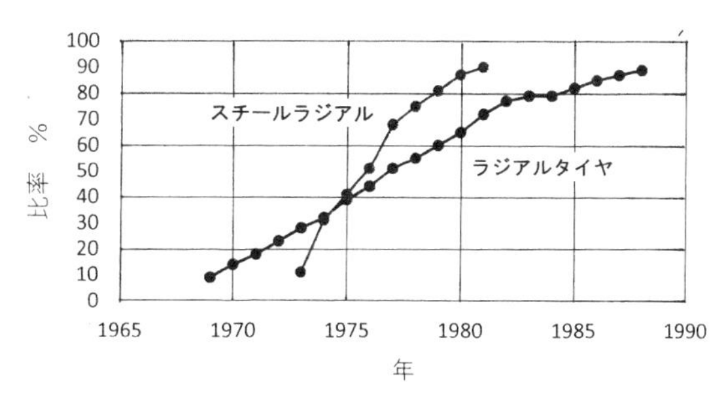

図 3-15 日本の乗用車用タイヤのラジアル化率
(JATMA 資料より作成)

11. アメリカ生まれのタイヤ

ベルテッドバイアスタイヤ

各国のラジアルタイヤ普及率のグラフ(図3-14)を見ると、アメリカにおける新車用ラジアルタイヤの普及が、ヨーロッパよりかなり遅れていることがわかります。これはヨーロッパで新車用タイヤのラジアル化が進み、日本でテキスタイルラジアルの市販が始まった1960年代中頃から、アメリカでベルテッドバイアスタイヤの新車装着が始まったことによるものです。

ベルテッドバイアスタイヤは、バイアス構造のカーカスの上に、ラジアルタイヤのベルトの働きをするコード層を置いてトレッド部の剛性を高め、操縦性や耐摩耗性の向上を図ったタイヤです。このタイヤの特徴は、ラジアルタイヤがカーカスにベルトやトレッドゴムなどを貼り付けてタイヤの原型をつくる成形工程に、専用の装置(成形機)が必要なのに対して、バイアスタイヤと同じ成形機を使い、同じプロセスでタイヤをつくることができるという点にあります。

このベルテッドバイアスタイヤは、1967(昭和42)年にグッドイヤー社から発売されて新車装着が進み、1971年には新車用で83%、市販用でも36%に達するという圧倒的な地位を獲得しました[30)]。しかし、ミシュランのラジアルタイヤがまさにこの1971年にカナダへ、1975年にはアメリカへも進出してその特徴が明らかになってくると、新車用タイヤがベルテッドバイアスからラジアルに変わりはじめ、1976(昭和51)年にはその比率が新車用で75%、市販用で34%になります[30)]。

1970年頃、世界の乗用車の約40%を製造していた自動車王国アメリカには[9)]、グッドイヤーを筆頭に、T型車以来のフォードのタイヤサプライヤーとして知られるファイアストンほか多くのメーカーがあり、その設備は当然のことながらバイアスタイヤを製造するためのものでした。その膨大な設備のラジアル製造用への切り替えには多額の投資が必要です。それだけが理由ではありませんが、世界の乗用車タイヤのラジアル化がほぼ終わった1980(昭和55)年前後からアメリカのタイヤメーカーの経営状態が次第に悪化し、1987年にコンチネンタルがゼネラルタイヤを、翌1988年にはブリヂストンがファイアストンを買収するに至ります。そしてミシュランも1988年にBFグッドリッチのタイヤ部門、1990年にユニロイヤルを買収し、アメリカのタイヤメーカーとして残ったのはグッドイヤーだけとなりました。

自動車春秋社の資料によると[37]、2018年の世界のタイヤメーカー売上高ランキングは1位ブリヂストン、2位ミシュラン、3位グッドイヤー、4位コンチネンタル、5位住友ゴム、6位ピレリ、7位ハンコック(韓国)、8位横浜ゴム、以下中国、台湾のメーカーと続いています。

チューブレスタイヤ

チューブレスタイヤはラジアルタイヤとほぼ同じ、第二次世界大戦後の1947(昭和22)年にBFグッドリッチ社で発明され、1954年にアメリカ車に初めて採用された文字通りチューブのないタイヤです[17]。チューブレスと呼ばれた自転車用のシングルチューブタイヤ(2章−10参照)の自動車用タイヤへの応用とする見方もありますが、チューブを外傷から守るために設けられているカバーにチューブの働きをさせるという発想はオリジナルなもので、発明として評価されるべきではないでしょうか。日本の乗用車用タイヤのチューブレス化は1970(昭和45)年頃から本格的に始まり、1980年代中頃にほとんど全てのタイヤがチューブレスとなりました[38]。

チューブレスタイヤは、チューブの代わりにインナーライナー(Inner Liner：内張り)と呼ばれる空気の透りにくいブチルゴム(5章−8参照)のシートを貼り付け、ビード部がリムに密着するように内径を少し小さくして締め代を与えたタイヤで、次のような特徴をもっています[32]。

①インナーライナーは付くがチューブがないのでホイールとしては軽くなる。
②釘などが刺さってパンクしたときに急激なエアもれが起こりにくく、空気圧が下がったときもタイヤがリムから外れにくい。
③パンク時にリムからタイヤを外さずに応急修理ができる。

とくに高速走行中の前輪の急激なエアもれはハンドリングの急変を伴うため非常に危険で、タイヤのチューブレス化はクルマのスピードアップに必須のアイテムでした。

12. ラジアルタイヤの進化

偏平ラジアルタイヤ(ロープロファイルタイヤ)

乗用車用タイヤのラジアルへの切り替えは、バイアスタイヤの偏平化と低空気圧化が進む中、偏平率約82%、空気圧2.0kgf/㎠前後の段階で行われました。

構造	タイヤ	偏平率	サイズ表示例
バイアス	乗用車タイヤ第1種	約96	5.60-13
	乗用車タイヤ第2種	約86	6.00-13
	乗用車タイヤ第3種	約82	6.45-13
ラジアル	乗用車タイヤ82シリーズ		165R13
	乗用車タイヤ80シリーズ	約80	165/80R13
	乗用車タイヤ70シリーズ	約70	175/70R13

表3-1 ロープロファイルタイヤの偏平率比較

ラジアルタイヤがバイアスタイヤに唯一劣っている乗り心地を改善するため、サスペンションの改良が進むと、1960年代の終わりには偏平率70%のタイヤが出現し、その後スポーツ性指向のクルマ用に60%のタイヤが登場します。そして1980年代に入って高性能車の開発が活発になると、タイヤメーカー各社はその要求に応えて高速走行時の操縦安定性、ステアリングレスポンスなど運動性能の向上を求めて、50%、40%、さらにスーパーカーでは30%と偏平化を進めました。同時にリム径が60シリーズタイヤの14インチから始まって、近年になると20インチ以上にまで大きくなっています。

ヨーロッパのロープロファイルタイヤ

『カー・デザインの潮流』(森江健二著)によると[39]、ヨーロッパの乗用車は階級社会がそのまま反映されて4つの階層区分があり、メーカーごとの差別化が存在しているということです。

① クラス1:ロールスロイスとアストンマーチンが挙げられています。王侯貴族たち、選ばれた人々のための工芸品のようなクルマです。当然のことながら、専用につくられた特別なタイヤが装着されています。

② クラス2:ジャガー、メルセデスベンツ、BMWなどが位置するとされてい

ます。貴族を意識しながら、努力してある地位を獲得した人たちのステータスシンボルというイメージが感じられるクルマたちです。
③ クラス３：排気量2000cc前後、中型以上のクルマ、シトロエン、ボルボ、アウディ、ランチア、ポルシェなど多士多才なクルマ群で、様々な価値観をもつ中産階級の上層にランクされる人々のためのクルマです。
④クラス４：実用性とコストパフォーマンスのよさが何よりも優先されるのがこのジャンルの特徴で、フォルクスワーゲン、ルノー、プジョー、フィアットなどの量産メーカーによって提供され、極めて多くの車種があります。

②〜④にはそれぞれのクルマのコンセプトに合わせて吟味された様々なスペックのタイヤが装着されていますが、共通して求められるのは優れた高速走行性能と快適性です。その理由は、ヨーロッパでは日常的に国を跨いで長距離を、それも速度制限のない区間があるドイツ・オーストリアのアウトバーンをはじめ、制限速度が日本より高く設定されている自動車専用道路を高速で走行するのがごく当たり前のことだからです[40)]。このため、純正装着タイヤを指定したり、パンクして空気圧ゼロでも最高速度80km/hで80km程度までの距離を走ることのできるランフラットタイヤを装着した高性能車が数多く見かけられます。

国産のセダンやコンパクトカーに、国内では不要と思われる50〜40シリーズの高性能タイヤが装着されていますが、これはクルマを“装う”ためと同時に、ヨーロッパへの輸出に備えるためでもあります。本格的な走りを追求するよりも、見栄えや乗り心地を優先してクルマを選ぶ人の多い日本で、タイヤメーカー各社のカタログを見ると、ブランドイメージを高める目的もあってか走行性能の高さを強調する文言が目立ち、なんとなく違和感を覚える人がおられるのではないでしょうか。これはクルマと同様タイヤが国際商品であり、カタログづくりの背景に使用条件の厳しいヨーロッパの交通環境が配慮されており、国産タイヤが世界のトップレベルにあることをアピールしていることによるもので、他意はないと思います。

13. 日本における偏平タイヤの普及

偏平ラジアルタイヤ開発の先駆けとなったのはイタリアのピレリで、フェラーリの250馬力エンジンを搭載したランチアのラリーカー“ストラトス”用として1973年に開発された、偏平率50％のラジアルタイヤ“Ｐ７”がその始まりとされています[41]。その後量産ハイパフォーマンスカー用として偏平率60％の“Ｐ６”が1979(昭和54)年に発売され、ポルシェやBMWなどに新車装着されますと、ヨーロッパのタイヤメーカーは一斉に高性能ロープロファイルタイヤの開発競争を始めました。前項に述べたように、自動車専用道路網が整備されているヨーロッパでは、クルマ、その部品としてのタイヤに最優先で求められるのは高速走行時の操縦性安定性だからです。

国内で偏平タイヤの開発が本格的に始まったのは“Ｐ６”発売から３年後の1982年、偏平率60％のラジアルタイヤがJATMAタイヤ規格に“60シリーズ”として掲載されてからでした。日本は、起伏のゆるやかな大地が拡がる西ヨーロッパとは異なり、ドイツより若干広い程度の国土面積で、その７割強を山地が占めており、1973(昭和48)年の交通安全標語「せまい日本　そんなに急いでどこへ行く」がピッタリの島国です。クルマ選びもデザインや乗り心地のよさを優先する人が多く、走行速度もさほど速くはありません。メーカーも“走り”を軽んじているわけではありませんが、どちらかと言えば“安全”と“環境”を重視したクルマづくりを行っています。

こうした交通環境を背景に、日本のロープロファイルタイヤは①スポーティーな外観、②低い転がり抵抗、③高い運動性能という三つの長所を生かして独自の発展を遂げました。

1)ロープロファイルタイヤによるドレスアップ

クルマを個性的に飾るドレスアップは、1966(昭和41)年の小型大衆車サニーとカローラの発売以降マイカーが増え、翌1967年にアルミホイールをはじめ様々な補修部品を販売するカーショップができたのがきっかけのようです[42]。国産アルミホイールは1968年から販売が始まりましたが、クルマの見映えが際立ってよくなることからショップの主力商品となり、タイヤ販売店も取り扱うようになって、1970年代中頃から急速に普及しました。

そして1980年代に入ってピレリの“P７”や“P６”が輸入されると、ヨーロッパの高性能車に憧れるマニアックな人たちがアルミホイールとのコンビでマイカーに装着を始めました。タイヤサイズの変更は“道路運送車両法”に定められた範囲内であれば自由に行うことができることから、そのカッコよさに触発された多くのカーマニアが争って60タイヤを履き、クルマの足元をスタイリッシュに仕上げる“インチアップ”（９章－１参照）が流行します。しかし1980(昭和55)年前後は、1970年頃から本格的に広まったと言われる違法改造のバイクやクルマが集団で走る“暴走族”の最盛期で、これが大きな社会問題になっており、改造車には反社会的なイメージが付きまとっていました。

クルマの改造“カスタマイズ”には装飾性に重点を置く“ドレスアップ”と走行性能の向上を図る“チューニング”とがありますが、この頃とくにドレスアップを望むオーナーが多く、クルマの整備・修理と同時に、合法的にカスタマイズを行う自動車整備工場が数多く生まれます。そして1983(昭和58)年、チューニング雑誌『Option』の稲田大二郎氏らが「チューンドカーの市民権を勝ち取る」ことを目的として、カスタムカーの展示とイベントを行う「東京エキサイティングカーショー(後の東京オートサロン)」を開催[43]、以後この催しは年ごとに盛んになって、多くの人たちがドレスアップやチューニングを楽しむようになりました。1995(平成７)年には日米自動車・同部品協議によって補修部品に係る規制が緩和され、改造の自由度が増えてクルマのカスタマイズはさらに進化しています。

２)ロープロファイルタイヤによる低燃費化

1980年代は1973(昭和48)年のオイルショックを契機として始まった低燃費タイヤの開発が本格化した年代でもありました。タイヤの偏平化による転がり抵抗の低減については、第８章「低燃費タイヤの特性」で述べます。

３)ロープロファイルタイヤによる運動性能の向上

さらにこの1980年代には、高性能タイヤが数多く開発されました。その経緯と特性については次項で述べます。

14. 高性能タイヤの進化

高級車・スポーツカーの開発

1980(昭和55)年、日本の自動車生産台数はアメリカを抜いて世界一となりました。自動車メーカーはその余勢を駆って、量と同時に質についても欧米車をしのぐべく、この1980年代、遅れを取っていた高性能モデルの開発にハイテク技術を駆使して鋭意取り組みます。

その成果は1980年代末に明らかになり、スポーティーカーでは1989(平成元)年8月に日産が280馬力のターボエンジンを搭載したスカイラインGT-R、9月にマツダが初のライトウエイトスポーツカー・ユーノスロードスターを発売、続く1990年9月にはホンダのミッドシップスポーツカーNSX、10月に三菱の4WDスポーツクーペGTOが登場します。そしてトヨタがそれまでになかったメルセデスベンツSクラスやBMW7シリーズと競合する高級車セルシオ(レクサスLS400)を1989年10月、翌11月に日産がインフィニティQ45を発売、軽自動車から高級車まで、日本車の充実したラインアップが揃いました[44)]。

高性能ロープロファイルタイヤの開発

日本のタイヤメーカーはこれら高性能車の開発と歩調を合わせて、次々と高性能ロープロファイルタイヤを開発しました。その経緯は『自動車技術』の"特集：年鑑"「タイヤ」の項に以下のようにまとめられています[45)]。

① 1981(昭和56)年(Vol.36, No.6, 1982)

・高運動性能車用タイヤ：軽量化、低転がり抵抗化が進められている一方では、経済性と走行性能の向上とを両立させたターボ付きエンジン又はツインカム・エンジンを装備した高性能車(スポーティ・カー)の開発が活発化し、タイヤにおいてもその要求性能を満足すべく偏平化の方向(タイヤの偏平化は耐久性、操縦性、制駆動性、低転がり抵抗性向上のための設計の自由度を増す)でそれらへの対応が図られている。実際、欧米向け輸出車には65、60シリーズも採用されており、国内においても輸入車の補修用として65、60シリーズのほか55シリーズ、50シリーズのタイヤ開発が進んでいる。

・高級サルーン車用プレミアム・タイヤ：タイヤへの要求が多様化するなかで

高級サルーン車用としてタイヤの運動性能と居住性という相反する性能を調和させたいという要求に対応してアラミッドとスチール・コードを組み合わせたベルト構造をもつプレミアムタイヤが２～３発売された。

② 1982(昭和57)年(Vol.37, No.6, 1983)

・60シリーズタイヤ：1982年夏の公認により、全タイヤメーカー一斉のラインアップ化が進み、輸入タイヤも含み40ブランドにも及ぶ多種類の偏平タイヤが勢揃いすることとなった。更に65、50シリーズについても車両との適合をにらんで開発が進められている。高性能車増加、高速道路延長等の環境変化、及びユーザ層のアイデンティティ追求に対応して、多数の偏平タイヤが上市されている。

③ 1986(昭和61)年(Vol.41, No.8, 1987)

・高性能タイヤ：60タイヤ(50/55タイヤも含む)が、需要一巡により頭打ち現象が見られる中で、「60タイヤの走りと70タイヤの居住性を兼ね備えたトータルバランス」指向の65タイヤへの関心が高まり、開発・上市が進んでいる。多様化、多目的化される市場ニーズに対応し、タイヤの技術開発は、トレッドデザインによる商品イメージのアピールを図りつつ、重点性能発揮の為の各種設計要素のファイン化/複合化が精力的に進められている。

④ 1989(平成元)年(Vol.44, No.7, 1990)

・高性能タイヤ：偏平化の傾向と共にリム径は大径化の傾向にあり、欧米車用にリム径17インチ、18インチ等のタイヤ開発も進められている。

なおこの1980年代は、1983年に住友ゴムがダンロップのタイヤ事業を買収、1988年にはブリヂストンがファイアストンを買収して世界最大のタイヤメーカーとなり、横浜ゴム・東洋ゴム・ゼネラルタイヤが合弁でアメリカに“GTYタイヤカンパニー”を設立するなど、日本のタイヤメーカーが大きく飛躍した時期でもありました[46]。

15. 冬用タイヤの変遷

スノータイヤからスパイクタイヤへ

氷雪路を走るにはチェーンを着けるのが当たり前の日本に、スノータイヤが初めて輸入されたのは、富士重工業からスバル360が発表された1958(昭和33)年のことです。チェーンなしで雪道が走れるという画期的なタイヤはたちまち評判になり、以前から開発を進めていた日本のメーカーも翌年に発売、北海道を中心に急速に普及しました[46]。そして1962(昭和37)年になると、スノータイヤの凍結路走破性を改良したスパイクタイヤが輸入され、翌1963年から国産品が販売されます。

スパイクタイヤ(spiked tyre)はスタッドタイヤ(studded tyre)とも呼ばれ、スノータイヤのトレッドに超硬合金のチップを付けた金属の鋲(スパイク/スタッド)を植え込んだタイヤで、北海道では短期間に100%に近い普及率を示し、北陸にも広がりました[47]。

このタイヤで積雪のない道を走ると、当然のことながらスパイクが路面を叩いて騒音を発し、傷をつけることになるのですが、発売当時、このことはさほど気にされることはありませんでした。しかし、1960年代中頃以降、自動車の数が急激に増え、市街地の除雪された道や乾いた道路をスパイクタイヤで走るクルマが目立つようになると、スパイクが路面を削ることによって発生する粉じんが問題になってきました[46]。

そして、北海道では1976(昭和51)年頃から春先の粉じんによる苦情と道路損傷が問題となり、さらに1979年に仙台で粉じんによる健康被害が取り上げられて社会問題となります[47]。各自治体では、雪のない道路でのスパイクタイヤの使用自粛の指導や使用禁止期間を設けるなどの対策が行われました。タイヤメーカーも1983(昭和58)年から、トレッドゴムやパターンの改良によって性能を維持しながらスパイクの打ち込み本数を減らし、公害低減に努めました。

スパイクタイヤからスタッドレスタイヤへ

ヨーロッパの雪国でも同様な問題が生じており、氷上で滑りにくいゴムやトレッドパターンによって、凍結路をスパイクタイヤに劣らず走れるスタッドレス(スパイクレス)タイヤが開発され、1973(昭和48)年頃に輸入されています。国内メーカーもこのタイヤの開発に鋭意取り組み、例えば氷上制動性能については1978年頃にスパイクタイヤの80%に達して、1983(昭和58)年から市販が始められました[48)]。

1990(平成2)年2月に実施されたスパイクタイヤとスタッドレスタイヤの比較試験では、制動性能は圧雪路で同程度、氷盤路ではスタッドレスがスパイクの90%という結果が得られました。このようにスパイクタイヤに代わるタイヤとしてスタッドレスタイヤの性能が向上してきたことから、タイヤメーカーは同1990年12月限りでスパイクタイヤの販売を中止しました[47)]。

1986(昭和61)年からスパイクタイヤの減産が始まり、冬用タイヤのスタッドレス化が進んでいた1987年当時の冬用タイヤの状況が、住友ゴムの土井昭政氏によって下表のようにまとめられています[48)]。

タイヤの種類	スノー	スパイク	スパイクレス
発売時期 (日本)	昭和34年頃	昭和38年頃	昭和48年頃 輸入タイヤ 昭和58年 国際タイヤ
外観上の特長	トレッド接地面で溝面積が多い。(Land/Sea 55/45)	スノータイヤに、タイヤ1本当り約120個のスパイクが打ち込まれている。	パターンの剛性を低くするためサイピングが多い。
使われ方	氷板路面が少ない冬期常時積雪にみまわれる地域で、冬期のみ使用。	冬期氷板路面が多い地域で、冬期のみ使用。	冬期氷板路面が多い地域で、除雪路面でのスパイク公害を防止するために冬期のみ使用。
代表的な使用地域	東北、北陸、ヨーロッパ、カナダ アメリカ北部	北海道、東北、北欧	東北、関東

表3-2　冬用タイヤの変遷[48)]

タイヤの歴史年表２

西暦	和暦	主な出来事	乗用車用タイヤ
1894	明治27	初の自動車レース、パリ＝ルーアン間往復で開催	
1895	明治28	グレートレース(パリ＝ボルドー間自動車レース)開催	ミシュラン兄弟が空気入りタイヤを付けたプジョーエクレールでグレートレースに参加、完走を果たす
1898	明治31	日本で初めて自動車パナール・ルバソールが東京を走る	
1900	明治33	栽培ゴム４トンが初めて市場に出る	
1902	明治35		大阪の岡田商会、タイヤの販売広告を出す(我が国初めてのタイヤ販売店)
1903	明治36		東京の明治護謨製造所で我が国初めての自転車タイヤがつくられる
1904	明治37	国産第１号の蒸気自動車を岡山市の山羽虎夫が製作	国産第１号の蒸気自動車が大阪の大石ゴム製作所製丸ゴムタイヤを装着
1905	明治38	前年始まった日露戦争終結	アメリカのオーエンスレーガーがゴムの加硫促進剤としてアニリンを発見、加硫時間が大幅に短縮される
1908	明治41	フォード、T型車生産開始	アメリカのパーマーがすだれ織りコードの特許を得る
1909	明治42	1905年からの天然ゴムの価格急騰により、栽培ゴムの生産に拍車がかかり、合成ゴムの研究が盛んになる	日本初のタイヤ工場が英国ダンロップ社によって神戸に建設される
1910	明治43		グッドリッチ、トレッドゴムにカーボンブラックを添加したタイヤを発売
1913	大正２	フォード、T型車の生産にベルト・コンベア方式を導入	
1914	大正３	第一次世界大戦始まる(1918年まで)	
1923	大正12		ファイアストン、低圧バルーンタイヤ開発
1929	昭和４	ニューヨーク、ウォール街の株価大暴落、世界的経済大恐慌おこる	
1931	昭和６		最初の合成ゴム、ネオプレンをアメリカのデュポン社が開発
1933	昭和８		ドイツでブナＳが開発される
1939	昭和14	第二次世界大戦始まる	
1942	昭和17	日本軍が世界の栽培ゴムの70%以上が生産されていた東南アジアを占領	欧米で合成ゴムの大量生産が始まる。アメリカでナイロンコードの市販始まる
1945	昭和20	第二次世界大戦終結	
1947	昭和22	自動車技術会創立	グッドリッチ、チューブレスタイヤを発表
1949	昭和24		ミシュラン、ラジアルタイヤ〝ミシュランX〟を発売
1950	昭和25	朝鮮戦争で自動車特需	レーヨンタイヤの生産開始

1955	昭和30	純国産車トヨペット・クラウン発売	
1958	昭和33	軽自動車スバル360発売、マイカー時代の幕開けとなる	ナイロンタイヤ市販開始
1960	昭和35		日本合成ゴム、SBRの生産を開始
1963	昭和38	名神高速道路開通。第1回日本グランプリレース鈴鹿サーキットで開催	スパイク付きスノータイヤ市販開始
1964	昭和39	東京オリンピック開催	ポリエステルコードタイヤ市販開始
1965	昭和40	ホンダＦ１、メキシコGPで初優勝	
1966	昭和41	大衆車ダットサンサニー、トヨタカローラ発売。本格的モータリゼーションの時代始まる	住友ゴム、初の国産テキスタイルラジアルタイヤSP３発売
1967	昭和42	トヨタ2000GT、ラジアルタイヤを国内で初めて新車装着して発売される	JATMA、トレッドウェアインジケーターの実施発表。グッドイヤー、ベルテッドバイアスタイヤ発売。ミシュラン、Xを改良したZXを発売
1970	昭和45	日産、サファリラリー初優勝	
1971	昭和46	日本の自動車生産、西ドイツを追い越す	ブリヂストン、日本初のスチールラジアル発売
1972	昭和47		グッドイヤー、初めてのオールシーズンタイヤ発売
1973	昭和48	第１次石油危機	ピレリ、偏平率50%のラジアルタイヤを開発
1978	昭和53	アメリカで企業別平均燃費規制	低燃費タイヤの開発が本格化する
1979	昭和54	第２次石油危機	
1980	昭和55	日本が世界最大の自動車生産国となる	
1981	昭和56		Ｔタイプスペアタイヤの規格が認可される
1982	昭和57		60シリーズラジアルタイヤが認可され、ロープロファイル高性能ラジアルタイヤの開発が本格化する。スパイクタイヤの販売が始まる
1983	昭和58		スタッドレスタイヤの販売が始まる。住友ゴム、ダンロップのタイヤ事業を買収
1988	昭和63	軽自動車に13インチタイヤ採用	ブリヂストン、ファイアストンを買収
1991	平成３	バブル崩壊による景気後退始まる。マツダのロータリー車、ル・マン優勝	スパイクタイヤの販売が中止される
1992	平成４		ミシュラン、シリカ配合のグリーンタイヤを発売
1995	平成７	科学技術基本法成立	
1997	平成９	世界初となる量産ハイブリッド車プリウスが発売される	
2009	平成21	エコカー補助金・減税が実施される	
2010	平成22		低燃費タイヤラベリング制度が始まる

コラム

トヨタ2000GTのタイヤ

トヨタ2000GTは1967(昭和42)年5月に発売された、日本初の本格的グランツーリスモです。最高速度220km/hは当時の日本車では最速でした。

開発ドライバーを務めた細谷四方洋氏の著書によると[49]、プロジェクトは1964(昭和39)年5月にスタート、11月にシャシーの基本設計、12月に設計図が完成したということです。

タイヤは住友ゴムが1964年秋に受注、サイズを165HR15に決定し、グランツーリスモにふさわしい、ダンロップがジャガーなどGT用に開発した当時最新のテキスタイルラジアルSP68を、2000GT用にアレンジしたSP41で設計が始まりました。

国産初のラジアルタイヤSP3と並行して開発が進められたこのタイヤは、1965(昭和40)年8月、試作1号車に装着され、秋の第12回東京モーターショーで一般公開されました。ホイールは5K×15サイズで1号車はワイヤースポークホイール、3号車から国産車では初めてのマグネシウムホイールが採用され[42]、指定空気圧は120km/hまで1.9kgf/㎠、それ以上は2.2kgf/㎠でした。

SP41のオリジナルである英国ダンロップのSP68[50]

第４章
タイヤの種類と構造

本章では乗用車用タイヤについての基本的な知識として「タイヤの構造と各部分の働き」、「タイヤの規格」、「サイドウォールの表示」について述べ、その種類を「新車用タイヤ・市販用タイヤ」と「サマータイヤ・ウインタータイヤ・オールシーズンタイヤ」に分けて、その概要を紹介していきます。

1. タイヤの構造と各部分の働き

スチールラジアルチューブレスタイヤの構造は図4-1の通りで、各部分の働きは次のようになっています。

①トレッド：路面に接する部分のゴム層を言い、表面に滑り止めや排水のためのトレッドパターンが刻まれています。クルマを支える力や、走る、曲がる、止まるなどに必要な力は全てトレッドを介して作用するので、タイヤの性能をほぼ決めるといってよい重要な部分です。トレッドの幅は装着される標準リムの幅と同じ寸法が一般的で、これより広い場合はワイドトレッド、狭い場合にはナロートレッドと呼ばれています。

②ショルダー：タイヤを断面で見たとき、人の身体で言えば肩に相当する部分のゴム層を言います。コーナリング中、横力に耐えてわずかに滑りながら踏ん張る部分ですので、とくにスポーツ系のタイヤはその形状とゴムの厚さに気が配られています。

③ベルト：ラジアルタイヤのトレッド剛性を高めるため、その下に周方向中心線に対して15～20度の角度で置かれているコード層です。スチールコードは高炭素鋼を加工してつくられた高強力スチールワイヤーに、ゴムとの接着をよくするためブラス(真鍮(しんちゅう))メッキを施し、必要な本数を束ねて撚りをかけたものです。剛性を高めるため両端を折り曲げたり、振動を伝えにくくするシートを巻いたりしたタイヤもあります。

④カーカス：ケーシングとも呼ばれ、両面をゴム層で覆ったすだれ織りのコード(プライ)を、タイヤの周方向中心線に対して約90度になるように設け、左右両端をビードワイヤーに巻き上げてつくられています。引っ張り力に強い繊維と柔らかくて強靭なゴムを組み合わせた複合材料で、圧力の高い空気を保持しながらしなやかに動き、振動を吸収するというのがその役割です。ポリエステルが一般的ですが、とくに操縦安定性が求められる高性能タイヤには、より弾性率が高く、熱による特性の変化が少ないレーヨンが使われています。

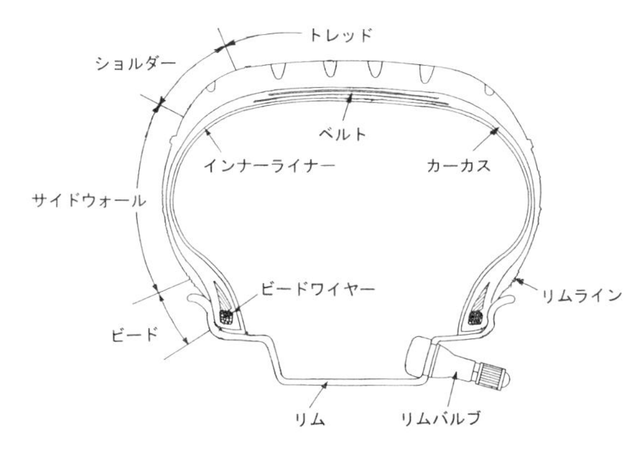

図 4-1　ラジアルチューブレスタイヤの構造部分の名称

⑤インナーライナー：高圧の空気を保持するためのゴム層で、空気の透りにくい性質と同時に、釘などの異物が刺さってもそのまわりに密着して空気を漏れにくくする、柔軟性のあるゴムが使われています。
⑥サイドウォール：トレッド部とビード部の間のタイヤ側面のゴム層です。カーカスを外傷から守るのがその役目で、タイヤサイズほか、そのタイヤについての多くの情報が刻印されています。
⑦ビード：タイヤをホイールのリムに固定する部分で、必要な本数のビードワイヤー(鋼線)をリング状に束ね、上に三角形断面の硬いゴムの輪を取り付けて、巻き上げたプライの端で全体を包む構造になっています。タイヤの動きの「支点」となるトレッドに次ぐ重要な部分で、とくに高性能タイヤではその素材と構造に工夫が凝らされています。空気圧が低くなってもタイヤがリムから外れないようにするため、ビード部の内径をリムの外径よりも少し小さくつくり、ビードが常時リムを締め付けるようになっています。
⑧リムライン：タイヤをリムに取り付けたときに、ビード部が正しく嵌っているかどうかを確認するための目印として、ゴムを盛り上げたラインが設けられています。

2. タイヤの規格とサイズ表示の変遷

乗用車用タイヤの規格

タイヤはクルマより寿命が短いため、世界中のメーカーが製造するタイヤの寸法、形状、品質などを統一して、取り換えができるように規格が定められています。国際的にはISO(International Organization for Standardization：国際標準化機構)規格がありますが、タイヤの開発はメーカーがそれぞれの国で個々に行ってきた経緯があるため、細部にわたって統一することは困難です。そこで、日本、ヨーロッパ、アメリカその他の国や地域で、ISO規格にその国にとって必要な修正や追加を行った規格が運用されています。

1)日本：JATMA(日本自動車タイヤ協会)規格：主として国内で使用されるタイヤの規格で[1]、①用語の定義、②タイヤの呼び、③寸法、④測定方法、⑤空気圧、⑥負荷能力、⑦速度、⑧適用リムなどが定められています。乗用車用タイヤについては日本工業規格のJIS D4202に対応しています。

2)ヨーロッパ：ETRTO(European Tyre and Rim Technical Organization)規格：イギリスのBSI、ドイツのDINなどヨーロッパ各国の規格を統一したもので、サイドウォールの表示など細かい部分でJATMA規格と違いがあります。「ETRTO STANDARDS MANUAL」が発行されています[2]。

3)アメリカ：TRA(The Tire and Rim Association, Inc.)規格：1903(明治36)年にアメリカのタイヤ業者が、各種の規格や技術的なとりまとめを行う目的で設立した団体が母体となって発展した協会で、毎年発行される「YEAR BOOK」は世界的な基準として広く参考にされています[3]。

タイヤサイズ表示の変遷

自動車用タイヤは自転車用タイヤの流用から始まって、タイヤの形状・構造が時を追って変化しており、その都度旧タイヤと区別するため、サイズ表示が変わってきています[4]。ここではそのうち代表的なものを紹介します。

① 30× 3½(さんとにぶんのいち)：インチ表示

〔30〕はタイヤの外径を、〔3½〕はタイヤ幅をインチで表したものです。初期の高圧タイヤのサイズ表示で、1893年にBFグッドリッチ社がアメリカで最

初に試作した自動車用タイヤはこのサイズでした[5)]。イギリスの自転車用タイヤのサイズ表示でアメリカもこれに従い、今日でも使われています。

② 750×65：メトリック表示

〔750〕はタイヤの外径を、〔65〕は幅をミリメートルで表したもので、ミシュランなどフランス製高圧タイヤのサイズ表示です[6)]。メートル法を使っていたフランスで、ツール・ド・フランスなどの自転車レースから生まれたもので、この表示も現在の自転車用タイヤに使われています。

③ 4.40－21　4 PLY（PR）：バイアスタイヤの表示

〔4.40〕はタイヤ幅を、〔21〕はリム径をインチで表したものです。〔4 PLY〕はカーカスを構成するプライの枚数です。このサイズはT型フォードに装着されたタイヤのもので、以後バイアスタイヤの標準的な表示として偏平タイヤが現れるまで長く使われました。〔PLY〕の代わりに〔PR〕と表示されているケースがあります。これはPly Rating（プライ・レーティング）、プライ相当を意味し、例えば4 PRはコットンのプライを4枚重ねた強度のカーカスであることを示しています。レーヨンやナイロンのコードの場合、実際にはプライの数が2枚でも4枚分の強度があれば〔4 PR〕と表示されています。

④ F70－14：アルファベット表示・レター表示

〔F〕は負荷荷重記号でタイヤの負荷能力を表し、〔70〕は偏平率が70％であること、〔14〕はリム径を表しています。負荷荷重記号が同じであれば偏平率やリム径が変わっても交換できるという便利さがあり、アメリカで使われました。このサイズは1967年式ムスタングのもので、1970年代の米国車のほとんどがこの表示のタイヤを装着していました。

⑤ 185HR14：ラジアルタイヤの表示

〔185〕は断面幅の呼びで185mm、〔H〕は速度記号で、4章－3の表から最高速度が210km/h、〔R〕はラジアルタイヤ、〔14〕はリム径をそれぞれ表しています。

⑥ 195/60R14 86 H：ISO方式の表示

現行のサイズ表示で、4章－3で詳しく述べます。

3. サイドウォールの表示

国産タイヤのサイドウォールには、一般に下記の事柄がローマ字と数字で印(しる)されています。新車装着分も含めて欧米向けのタイヤには、このほかにETRTO規格やTRA規格に定められた文字や記号が刻印されています。

1)製造業者名または商標名　　2)商品名

3)タイヤの種類

ラジアルタイヤ：RADIAL　スノータイヤ：SNOWまたはM+S

スタッドレスタイヤ：STUDLESS　チューブレスタイヤ：TUBELESS

4)タイヤの呼び(表記)

例　195／65R15　91H　(プリウス、ヴォクシーなどに装着)

①　②③④　⑤⑥

① 断面幅の呼び(ミリメートル)：195mm

② 偏平比の呼び(%)：65%

③ タイヤの構造記号：ラジアル構造

④ リム径の呼び(インチ)：15 in

⑤ ロードインデックス：最大負荷能力を示す指数：表1より615kg

⑥ 速度記号：最高速度を示す記号：表2より210km/h

表4-1-1　ロードインデックス(LI)

LI	負荷能力(kg)	LI	負荷能力(kg)	LI	負荷能力(kg)
71	345	79	437	87	545
72	355	80	450	88	560
73	365	81	462	89	580
74	375	82	475	90	600
75	387	83	487	91	615
76	400	84	500	92	630
77	412	85	515	93	650
78	425	86	530	94	670

表4-1-2　速度記号

速度記号	速　度(km/h)
Q	160
S	180
H	210
V	240
W	270
Y	300

JATMA YEAR BOOKより

5)DOTセリアル番号

DOTはDepartment of Transportationの略語で「アメリカ運輸省」を表し、

同省から公布された「タイヤ識別と記録保存規則」によって、アメリカで生産されるタイヤはもとより、輸入されるタイヤについてもサイドウォールに製造番号(セリアル番号)の表示が義務づけられています。

日本国内で製造販売されるタイヤについては表示の必要はありませんが、多くのタイヤがアメリカに輸出されるため、ほとんどの乗用車用タイヤにこのセリアル番号が表示されています。例で示すと

DOT AB C1 DEFG 0318

①　②　③　④

① AB：メーカーコードと呼ばれ、そのタイヤの製造工場を示す

② C1：タイヤサイズコードと呼ばれ、タイヤサイズを記号で表したもの

③ DEFG：オプショナルコードと呼ばれ、タイヤメーカーがタイヤの管理に使用する記号

④ 0318：タイヤの製造年と、その年の年始から何週目に製造されたかを示す記号で、最初の２桁03が週(３週目)を、後の２桁18が製造年(2018年)を示しています。ただし、1999年以前に製造されたタイヤについては、例えば039のように３桁の数字で示し、最初の２桁03が週(３週目)を、後の１桁９が年(1999年)を示しています。

6)自動車メーカー承認マーク(OEマーク)

そのタイヤが、装着されているクルマに合わせて開発されたタイヤであることを示すマークです(詳細は４章－４参照)。

7)ビード部のマーク(捺印)

① 赤＝ユニフォミティマーク：新車装着用タイヤで、タイヤの外周上で最もたわみにくい位置を示しています。リムの縦振れの最も小さい部分に合わせて組み付け、車輪としての真円性をよくする目的で付けられています。

② 黄＝軽点マーク：市販用タイヤの外周上で最も軽い部分の位置を示しています。このマークをバルブの位置に合わせて組み付け、重量バランスをよくします。

4. 乗用車用タイヤの種類

ラジアルタイヤはトレッドのパターンやゴム質、ベルトの剛性、ビード部のしなやかさなど各部分の特性を、制約はありますが、かなり自由に変えることができます。このことを利用して、素材や形状、構造などを使用条件に合わせて最適化した多種多様なタイヤがつくられています。

新車用タイヤ

自動車メーカーからの要求に基づいてタイヤメーカーが開発し、納入したタイヤで、純正あるいはOE(Original Equipment)タイヤと呼ばれています。タイヤはクルマの重要な機能部品なので、設計段階から双方の担当エンジニアが打ち合わせを重ね、試作、テストを繰り返しながら開発が進められます。そして最終的にそのクルマにマッチし、その機能が充分に発揮できることを確認されたタイヤが新車に装着されるわけです。

ヨーロッパのハイパフォーマンスカーで、純正装着タイヤに自動車メーカーの承認マーク(OEマーク)を刻印し、摩耗したときなど必要な場合には同じタイヤに交換することが行われています。国産車にも純正装着タイヤを指定したクルマがあり、そのことが取扱説明書に記されています。

市販用タイヤ

交換用として一般に市販され、タイヤメーカーが市場におけるクルマの使用実態や道路の状態などを考慮して独自に開発し、性能評価を行ったタイヤです。そのラインアップはメーカーによって様々ですが、大別するとサマータイヤ、ウインタータイヤ、オールシーズンタイヤの３種類があります。

１)サマータイヤ(夏用タイヤ：７章－８参照)

タイヤが摩耗したり損傷によって使えなくなったときなど、新しいタイヤを求めるには次の３つのケースが考えられます。

A)純正装着タイヤを求める：ヨーロッパ、とくにドイツでは、上記の承認マークのあるタイヤはもちろん、マークがなくても特別な理由がなければOEタイヤに交換するのが普通です。日本にはこのような慣行がありませんが、上記新車装着の経緯を考えると、同じタイヤに交換するのがベストです。

B)純正タイヤと同じ呼びか、オプションに指定されているサイズの市販用タイヤを求める：市販用タイヤには数多くの種類があり、各社のカタログに掲載されていますが、おおむね下記の性能特性の組み合わせになっています。

① 安全性能：ハンドリング、ブレーキング、ウエットグリップなど

② 快適性能：乗り心地、静粛性など

③ 環境性能：燃費、耐摩耗性など

④ スポーツ性能：操縦安定性、ハンドルレスポンスなど

タイヤは自動車に装着して初めてその機能を発揮する“部品”なので、原理としてタイヤだけでその性能特性を評価することはできません。タイヤを専門に扱っている人であれば、ユーザーの希望を聞き、走行距離をチェックしてタイヤの状態を診れば推奨タイヤはほぼ見当がつくものです。

C)ロープロファイルタイヤなど、上記Ｂ以外のタイヤに変更する：後の超偏平タイヤの項（９章－１）を参照ください。

２）ウインタータイヤ（冬タイヤ、スノータイヤ）

積雪または凍結している道路を走れるタイヤとして公認され、サイドウォールに“SNOW”か“M+S”の表示があるタイヤで、“スタッドレスタイヤ”と“オールシーズンタイヤ”があります。スタッドレスタイヤはスパイクタイヤに代わるタイヤとして開発された経緯があり、凍結路を走れるのが特長です。詳しくは後の第７章で紹介します。

３）オールシーズンタイヤ

オールシーズンタイヤはアメリカのグッドイヤー社が第１次オイルショックの前年、1972（昭和47）年に雪道も走行できるサマータイヤとして世界で初めて商品化したタイヤです[7)]。2019年のデータでは、アメリカで製造されている乗用車のほとんど全てに新車装着されており、市販用タイヤも約70％がオールシーズンタイヤになっています。ドライ・ウエット路面では一般のサマータイヤと同等の性能をもち、氷上でのブレーキ性能はスタッドレスタイヤに及びませんがスノータイヤとして公認されていますので、降雪量が少なく、路面が凍結することのほとんどない地域で販売が伸びていると言われています。

コラム

タイヤ関係単位換算表

長さ	1 cm(センチメートル)	0.394 in(インチ)	1 in	2.54 cm
	1 m(メートル)	3.28 ft(フィート)	1 ft	0.305 m
距離	1 km(キロメートル)	0.621 M(マイル)	1 M	1.61 km
速度	1 km/h	0.612 mph	1 mph	1.61 km/h
圧力	1 kg/cm²	14.2 lb/in²	1 lb/in²	0.0703 kg/cm²
	1 kg/cm²	100 kPa(キロパスカル)	1 kPa	0.001 kg/cm²
	1 bar(バール)	100 kPa(キロパスカル)	1 kPa	0.001 bar
重量	1 kg(キログラム)	2.21 lb(ポンド)	1 lb	0.454kg

自動車関係の計量単位としては、国際的に共通な一貫性のある単位系として「国際単位系(略称SI)」が定められています。しかし、空気入りタイヤが発明されたのがヤードポンド法のイギリス、自動車が実用化されたのがメートル法のフランスという経緯から、実際にはこれら3つの単位系が併用されているのが現実です。

第5章
タイヤ用ゴムの成り立ち

本章ではタイヤの原材料の8割を占める配合ゴムについて、その物理的・化学的な特性および各種原料ゴムの特徴と、タイヤの強度を高め、路面との摩擦力を大きくし、耐摩耗性を向上させるなどの目的で加えられる各種添加剤の働きについて述べます。その上で、タイヤの各部分にどのような特性のゴムが使われているのかについて説明し、締めくくりとしてゴム製品の加工技術を紹介します。

なお、原料ゴムは“生(なま)ゴム”、補強剤などの添加剤を加えたゴムは“配合ゴム”（コンパウンド）、加硫後のゴムは“加硫ゴム”とも呼ばれています。

本章のテーマのひとつ、“ゴム弾性”は、学術的にはゴム状物質に特有の弾性である、“粘弾性”として扱われています[1)]。この概念は難解で、一般的には“ゴム弾性”を「固体の弾性とは異なる、ゴムに特有の弾性」として扱われているので、本書でもこれに従っています。

1. ゴムの特徴と分子構造

ゴムの特徴

ゴムとは一言で言えば「常温で柔らかく、力を加えると大きく変形し、その力を除くと元の形に戻る性質をもつ物質」です。言い換えると①柔らかい、②大きく伸び縮みする、③弾性に富みよく弾む、という3つの性質を兼ね備えた物質ということになり、③の弾性を“ゴム弾性”と呼んでいます。

ゴム弾性と固体の弾性

一般に固体は力を受けると形が変わり、この力を除けば元通りになるという性質があり、“弾性”と呼ばれていますが、この弾性とゴム弾性にはどのような違いがあるのでしょうか。また、その違いはなぜ生じるのでしょうか。

固体は化学結合や物理結合によって結ばれた無数の原子の集合体ですが、原子同士の相対的な位置は伸びたり縮んだりの伸縮振動(熱運動)をしており、振れ幅の分だけ間隔をおいて並び、平衡状態を保っています。力を加えると、その大きさに応じて原子の間隔が変化し歪みますが、この歪みに対する抵抗力が生じ、力を除けば元の間隔に戻ります。これが固体の弾性で、歪みが大きくて元に戻れない限界を“弾性限界”と呼んでいます。

ゴムと一般的な固体の最も大きな違いはこの弾性限界の大きさで、たとえば金属の場合数%も伸ばせば切れてしまいますが、ゴムは理論的には元の長さの10倍もの長さまで伸びる可能性をもっています[2)]。なぜこのように伸びることができるのか、それはゴムが独特の分子構造をもっているためです。

ゴムの分子構造

タイヤに使われている原料ゴムを分子レベルのミクロなスケールで見ると、水素原子の付いた炭素原子が数珠のように繋がってできています。原子の結合の仕方にはいくつかのタイプがありますが、ゴムの場合共有結合によって結ばれています。共有結合というのは、結合する双方の原子が互いに1個ずつの電子(価電子(かでんし))を出し合い、2個の電子を共有することによって成り立つ結合です。例えとして、互いに出し合う電子を手とみなし、双方が握手して結合すると考えると分かりやすいと思います。

水素は価電子を１個しかもっておらず、手は１本ですが、炭素は４個の価電子をもっており、手は４本あります。このため、炭素と水素が結び付くときには１本ずつの手による握手の一重結合しかできませんが、炭素同士であれば２本の手での握手による結合もあって"二重結合"と呼ばれています。この二重結合は、他の原子と化学反応を起こす場合、ほどけて１本が相手の炭素との一重結合となり、もう１本が他の原子と結びつきます。

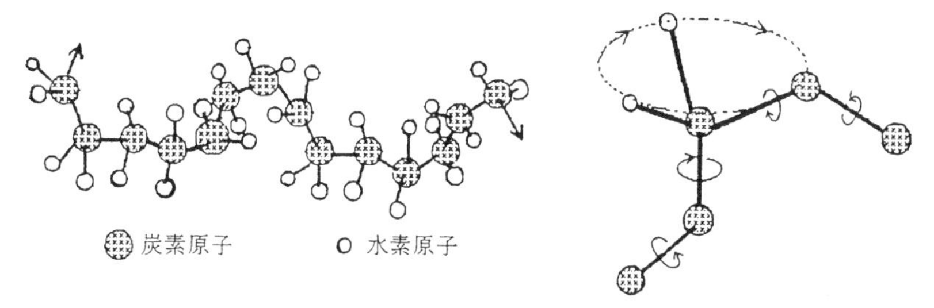

図 5-1　複雑に折れ曲がっているゴム分子[2)]　　図 5-2　炭素間の結合軸の回転[2)]

こうしてゴムは図5-1のように連なった炭素原子に水素原子がくっついた長い長い鎖の形をしていますが、とんでもなく複雑に折れ曲がっています[2)]。というのは、共有結合をする炭素の４本の手は、図5-2のように各々が正四面体の４つの頂点の方向を向いているので、炭素同士の結合は、周囲の原子の影響を受けるため制約はあるものの、ほぼ自由に回転できるからです。この回転運動に原子自身の熱運動が重なって、ゴム分子は極めて活発に動き、形を変えています。そして、何万何十万という炭素が連なって複雑に折れ曲がっているゴム分子の長い数珠は、激しく動いているため糸まりのように球の形になるのが最も自然です。この無数の糸まりが重なりあい絡みあってできた物体が生ゴムです。

そして、この生ゴムの分子を、硫黄でところどころを結んだのが加硫ゴムであり、硫黄で三次元に繋がった分子の鎖が丸まって複雑に絡み合い、活発に動いていることからゴムは何倍にも伸ばすことができるわけです。この分子の活発な動きは、最初にこの現象を発見したイギリスの植物学者ロバート・ブラウンの名にちなんで、ミクロブラウン運動と呼ばれています。

2. エントロピー弾性とヒステリシスロス

固体のエネルギー弾性

固体の弾性は、その固体を構成する原子間の距離が変わることによって生じますが、物理ではこれを力が作用することによって固体に内部エネルギーが溜まり、力を除くとこのエネルギーによって固体が元の形に戻ると考えて“エネルギー弾性”と呼んでいます。

エネルギーは「仕事をする能力」のことを言い、物体が他の物体に対して仕事ができる状態にあるとき、その物体はエネルギーをもっていると言います。ここでの“仕事”ですが、物体に力F(N：ニュートン)を加え、力の向きに距離x(m)だけ移動するときの作業の量W(J：ジュール)で表します。式にすると〔仕事＝加えた力×移動距離〕、つまり〔W＝F×x〕となり、仕事は力と移動距離に比例する量として定義されています。

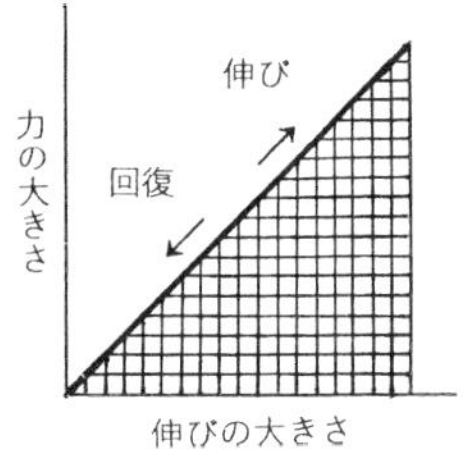

図5-3　バネの弾性エネルギー

例えば、ばねに力を加えて引くと伸びますが、加えた力Fに対して長さがxだけ伸びたとすると、ばねにF×xだけの仕事が蓄えられ、これを“弾性エネルギー”(あるいは弾性力による位置エネルギー)と呼ぶわけです。この関係をグラフで示したのが図5-3で、グラフの縦線で囲った面積が伸びるときに蓄えられる仕事(エネルギー)で、横線で囲った面積がばねが元に戻るときに使われる仕事(エネルギー)ですが、双方のエネルギーは等しく、伸びるときに蓄えられたエネルギーの全てが戻るときに使われます。

ゴムのエントロピー弾性

一方ゴムの場合ですが、その分子鎖は周囲に水素原子が付いた炭素原子の連なりで、炭素間の結合軸がほぼ自由に回転できることから、放置された自然な状態では曲がりくねって複雑に絡み合い、丸まった形で活発に動いています。これを引っ張ると、分子鎖は力のかかる方向へと伸びますが、この熱運動(ミクロブラウン運動)によって、元の自然な丸まった形に戻ろうとするエネルギーが生まれます。これがゴム弾性の正体で、力を除くとこのエネルギーによってゴムは元の形に戻ります。このゴム特有の弾性は、ばねのエネルギー弾性に対して“エントロピー弾性”と呼ばれています。

エントロピーというのは、熱力学で系の乱雑さや複雑さの度合いを表す量で、熱の出入りのない系では、内部変化は常にエントロピーが大きくなる(乱雑さが増す)方向へ動くという法則で知られています[3)]。分子鎖を丸まった状態から引き伸ばすと、その動きが規制されるのでエントロピーが小さくなりますが、この法則によって元の状態に戻ろうとする復元力が生じ、これがゴムの弾性になるということから“エントロピー弾性”と呼ばれるようになりました。エントロピーは分子のミクロブラウン運動が大きいほど大きく、単位は℃(摂氏)です。

ヒステリシスによるエネルギーロス

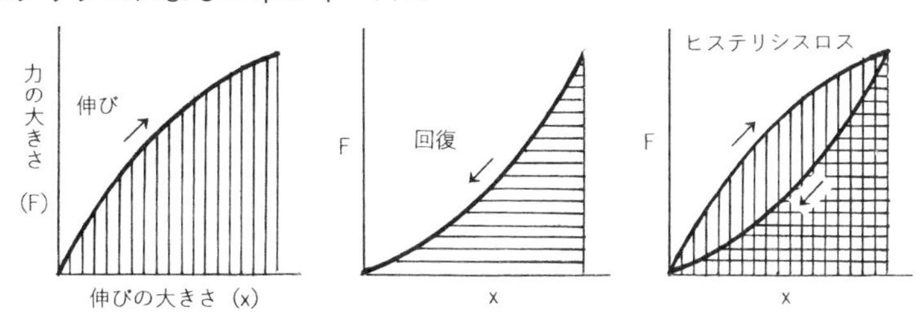

図 5-4　ゴムの弾性エネルギー（縦線部：伸び時、横線部：回復時）

図5-4はゴムに力を加えて引き伸ばし、その後ゆっくりと力をゆるめて元に戻したときの、力と伸びの大きさの関係をグラフにしたものです。ゴム弾性は分子鎖のミクロブラウン運動によって生まれるわけですが、ゴムは無数の分子の集団なので、動くとき分子相互の間に摩擦を生じます。この摩擦によって、ゴムを伸ばしたり縮めたりするときの力の大きさと伸びの関係にずれが生じ、図5-4のグラフのようになります。エネルギーで言えば、伸ばすときに蓄えられたエネルギーが元の形に戻るときに全て使われることなく、その差分のエネルギーが熱エネルギーになるわけです。

この現象はゴムだけでなく磁気や電気にも見られ“ヒステリシス”(履歴現象)と呼ばれており、熱になるエネルギーをロス(損失、無駄)とみなして“ヒステリシスロス”と言われています。

3. タイヤ用原料ゴム

タイヤ用ゴムの種類

今日、乗用車用タイヤに使われている原料ゴムには ①天然ゴム(NR：natural rubber)と合成ゴム(synthetic rubber)があり、合成ゴムには
②イソプレンゴム(IR：isoprene rubber)
③スチレンブタジエンゴム(SBR：styrene-butadiene rubber)
④ブタジエンゴム(BR：butadiene rubber)
があって、それぞれの特性をまとめると表5-1のようになっています[4)]。

天然ゴム(NR)

アマゾン地方原産のゴムの樹、ヘベア・ブラジリエンシスの樹液から得られる凝固物を乾燥させてつくられたものです。いわゆる農産物なので、生産地、樹木の状態、天候、処理方法などによって品質にばらつきがあるため、グレードを定め等級を付けて取り引きがなされており、価格も異なります。

同じ等級のゴムでも特性に若干の違いがあるため、タイヤメーカーは入荷の都度受け入れ検査を行ってその品質をチェックし、製品としてのタイヤの品質が一定になるよう配合剤の種類や量、加硫時間などの微調整を行っています。

合成ゴムと比較して分子量が大きく、分子が長いことから、引張強さが大きく強靱で、大きな変形が加わったときの耐久性が優れ、繰り返し疲労に強いという特長があります。耐摩耗性、耐発熱性も優れており、タイヤの部材としてはトレッドにもカーカスにも使われています。

合成ゴムの製造

合成ゴムは石油からつくられます。石油の原油を蒸留すると、成分の沸点(沸騰する温度)の違いによっていくつかの留分(混合液体を分別蒸留して得られる各成分)に分けることができます。最も沸点が低いのがガソリン(約110℃以下)で、家庭で使われる灯油(約150～250℃)との中間成分をナフサと言います。ナフサは沸点が約110～210℃の透明な液体で、これが合成ゴムの原料になります[4)]。

このナフサを空気を遮断して約1000℃に加熱すると、熱分解してゴムの原料

となる成分を含む留分が得られ、これをさらに分離・精製してイソプレン、スチレン、ブタジエンなどの“モノマー”がつくられます。モノは“1つ”を意味し、ゴム分子の基本単位となる化合物をこのように呼んでいます。たくさんのモノマーを繋げる化学反応を“重合(じゅうごう)”といい、モノマーを重合させて“ポリマー”としてのゴムが得られます。ポリは多いことを意味しています。

種類	天然ゴム	イソプレンゴム（合成天然ゴム）	スチレンブタジエンゴム	ブタジエンゴム
略称	NR	IR	SBR	BR
引張強さ	30～350	30～300	25～300	25～200
伸び(%)	1000～100	1000～100	800～100	800～100
反発弾性	◎	◎	○	◎
引裂き強さ	◎	○	△	○
耐摩耗性	◎	◎	◎	◎
耐屈曲き裂性	◎	◎	○	△

表 5-1　タイヤ用主要原料ゴムの特性
『新版ゴム技術の基礎』（改訂版）[4]より　引張強さ単位：kgf/㎠

イソプレンゴム(IR)

イソプレンモノマーの重合によってつくられる天然ゴムと同じ分子構造のゴムで、似た特性をもっていますが、表5-1にあるように引張強さと引裂き強さがやや劣っています。工業製品なので品質が一定しているのが長所です。

スチレンブタジエンゴム(SBR)

スチレンとブタジエンのモノマーを共重合させてできるゴムで、合成ゴムの中で最も使用量の多いゴムです。天然ゴムと比較して弾性がやや小さく、熱の発生が大きい性質があり、引裂きや屈曲などによる破壊強度が劣っていますが、耐摩耗性に優れており、乗用車用タイヤに多く使われています。

ブタジエンゴム(BR)

合成ゴムの中ではSBRの次に使用量の多いゴムです。高弾性で発熱が小さく、耐摩耗性、耐寒性に優れたゴムですが、耐屈曲性やカット性(傷のつきやすさ)が劣るため、天然ゴムやSBRにブレンドして使われています[5]。

4. 天然ゴムの特徴

天然ゴムの分子量分布

天然ゴムはゴムの樹の樹液(ラテックス)に酸を加えてゴム成分を固め、乾燥してつくられていますが、その最も大きな特徴は、合成ゴムに比較して分子量が桁外れに大きいということです。合成ゴムと比較して高い破断応力と伸びを示し、耐久性に優れているのはこのためです。

一般に分子の大きさを表すには“分子量”が用いられます。分子量は、その分子を構成する全ての原子の質量(原子量)を加えたもので、実際のゴムは様々な分子量のポリマーの混合物であることから平均値で表します。そして、合成ゴムも含む化学合成によって得られる高分子物質のポリマー(重合体)の分子量は、少なくとも数千以上、大まかに言えば数万程度とされています。これに対して天然ゴムの分子量は非常に大きく、しかもばらついており、その分子量分布は図5-5のようになっています[6)]。

へベアゴム(へベア・ブラジリエンシスの樹液からつくられる天然ゴム)は、数平均分子量10万~20万程度の低分子量部分と、100万~250万程度の高分子量部分の２つのピークがある特異な分子量分布をもっています。しかもその割合はそれぞれの樹の遺伝子組成によって変化し、図5-5に見られるように３種類の分子量分布曲線があります。

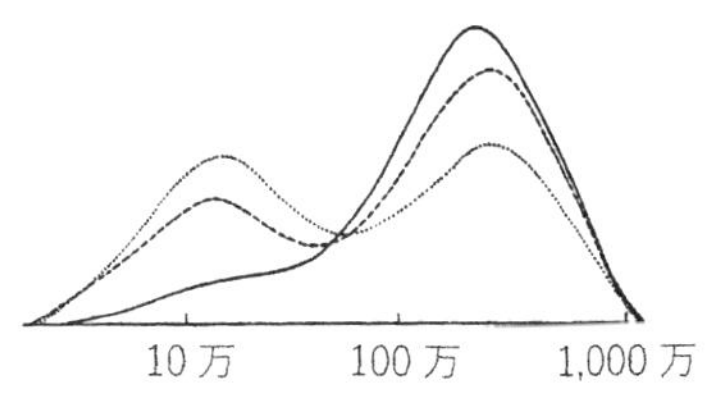

図 5-5　へベアゴムの分子量分布[6)]

天然ゴムは生産地、天候などによってその品質にばらつきがありますが、その原因のひとつはここにあると考えられています。

また、加硫が発明されるまでのゴム製品が、夏は表面がベトベトになり、冬は全体がゴワゴワになるというのは、この分子量が異なるポリマーが混在し、温度によって長短のゴム分子の動きやすさが異なるためと考えられます。

天然ゴムの分子構造

天然ゴムの分子は“イソプレン”と名付けられたモノマーが数万から数百万以上も繋がってできているポリマーですが、その構造は、図5-6のように水素原子の付いた4つの炭素原子の列に、メチル基と呼ばれる3つの水素をもつ炭素の枝が付いた形になっています。そして、モノマー同士のつながり方によって“1-4 シス結合”と“1-4 トランス結合”の2つの分子構造があります。

1-4 シス結合の1-4というのは、図5-6のように4個の炭素原子に端から番号をつけたときの1番目と4番目の炭素原子を表したもので、シス(cis：こちら側にの意)結合は繋がっている炭素原子が二重結合の同じ側に付いている結合の仕方をいいます。1,4-トランス結合は1番目と4番目の炭素原子が反対側(trans：横切って、向こうの意)に付いている結合の仕方です。モノマー同士が結合するとき、①と②、③と④を結ぶ二重結合が開いて隣のモノマーと結合し、②と③の一重結合が二重結合になるわけですが、先に述べたように、一重結合の結合軸は自由に回転できますが、二重結合の結合軸は固定されているため、このような構造の違いが生じるわけです。

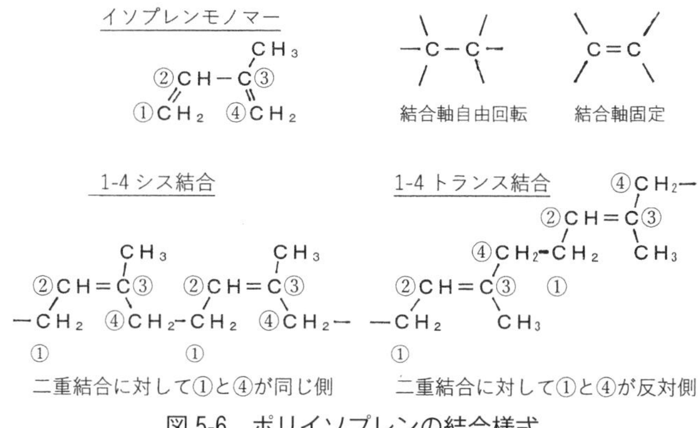

図 5-6　ポリイソプレンの結合様式

天然ゴムとグタペルカの違い

シス結合型のポリイソプレンは、その構造から分子鎖同士が近づきにくいため、分子間に働く力が小さくゴム弾性を生じますが、トランス結合型のポリイソプレンの分子鎖はまっすぐになりやすく、分子間に働く力が大きいため固まりやすい性質があります。このため、100%トランス結合のポリイソプレンは常温で硬く、グタペルカと呼ばれる別のゴムです。(2章－3参照)

5. スチレンブタジエンゴムの特徴

スチレンブタジエンゴム(SBR)の分子構造

SBRは、弾性・強度特性・耐摩耗性などの性能バランスに優れ、加工性がよく比較的低価格であることから現在最も多量に生産、消費されている合成ゴムです[4)]。ナフサを熱分解して得られるスチレンとブタジエンの共重合体で、分子構造は図5-7のようになっています[7)]。

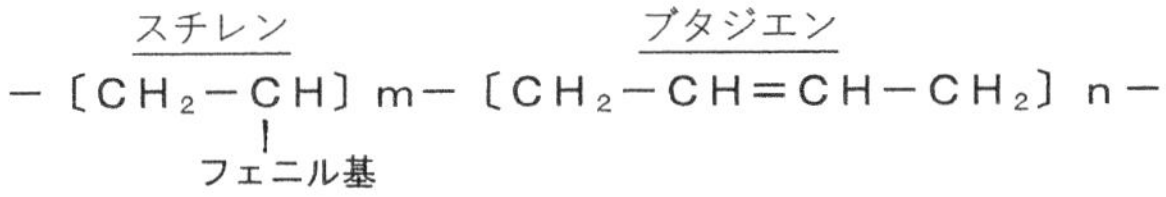

スチレン　　　　ブタジエン

$$-[CH_2-\underset{|\atop \text{フェニル基}}{CH}]m-[CH_2-CH=CH-CH_2]n-$$

図 5-7　スチレンブタジエンゴムの分子構造

mとnの数(スチレンとブタジエンの割合や配列順)は重合の方法や触媒(しょくばい)(化学反応を助ける物質)の種類などによってコントロールでき、さらにポリブタジエンには図5-8のようなシス、トランス、ビニルの化学結合様式があることから、これらを組み合わせて多種多様なSBRがつくられています[8)]。

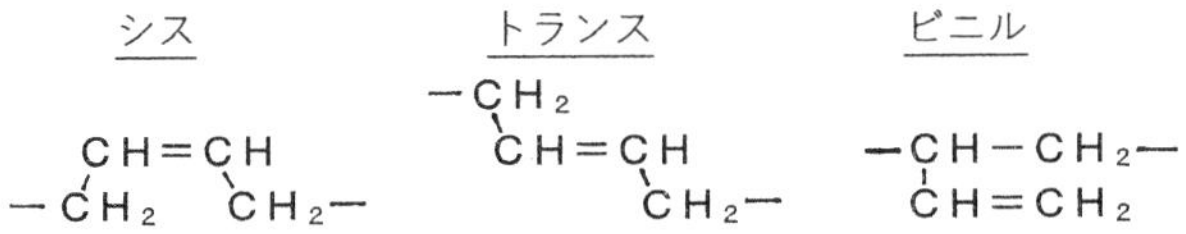

シス

CH=CH
─CH₂　CH₂─

トランス

─CH₂
CH=CH
　CH₂─

ビニル

─CH─CH₂─
CH=CH₂

図 5-8　ブタジエンのミクロ構造

スチレンはスチロール樹脂や発泡スチロールなどとして知られており、さまざまな用途に対応できる柔軟性をもち、安価であることから、最も生産量の多いプラスチック素材です。その構造は、炭素の鎖にフェニル基(6つの炭素が六角形の平面をつくり、そのうちの5つが水素と結合している原子団)が付いた、ブタジエンと比較して大きなモノマーです。ブタジエンは天然ゴムと同じ分子構造の合成ゴムで、SBRはドイツで1933(昭和8)年に特許が成立し、天然ゴムに代わる合成ゴム“ブナS”(3章－7参照)として石炭からつくられていました。

その製造方法には乳化重合法(E-SBR)と溶液重合法(S-SBR)とがあります。

乳化重合SBR(E-SBR)

E-SBRはEmulsion Styrene Butadiene Rubberを略したものです。エマルジョンは乳濁液と訳されており、液体状の微粒子が他の液体の中に分散し、乳のような状態になっているもので、代表的なエマルジョンは水に蛋白質や脂質などの成分が分散している牛乳です。E-SBRはスチレンとブタジエンを界面活性剤(石鹸)を使って水の乳濁液とし、触媒などを加えて重合させたものを凝固・乾燥してつくられます。

通常SBRと言えばE-SBRで、天然ゴムに比べて耐熱性、耐摩耗性、耐老化性がよいのですが、反発弾性、粘着性に劣り、トレッド用として使う場合、補強材を多量に必要とするのが特徴とされています[4]。

溶液重合SBR(S-SBR)

S-SBRはSolution Styrene Butadiene Rubberを略したもので、ヘキサンやトルエンなど炭化水素溶媒の中で、触媒などを加えてスチレンとブタジエンを重合させ、溶媒を回収したあと凝固・乾燥してつくられます。

SBRの溶液重合法は1960年代に開発され、とくに1980年代にその研究と工業化が進みました。S-SBRの特徴は、合成の条件・方法を変えることによって、スチレンとブタジエンの比率や配列などミクロな構造や分子量、分子量分布などを比較的自由にコントロールできることと、ポリマーの末端変性ができることにあります[9]。

末端変性は末端装飾、化学装飾などとも呼ばれており、ポリマーの末端に充てん剤や他のポリマーとの反応性の高い官能基(固有の化学的・物理的な性質をもつ原子団)を付けることを言います。初期の末端変性はカーボンブラックの表面への吸着を狙ったものが主体でしたが、2000年代以降シリカが使用されるようになると、シリカ用の末端変性の研究が盛んになりました。

S-SBRは、後に述べる低燃費タイヤの開発にあたって、タイヤの転がり抵抗の低減と濡れた路面でのブレーキ性能の向上を図ることのできるゴム材料として注目され、進化を続けています。

6. ゴムの補強剤

タイヤ用ゴムでは、補強剤としてカーボンブラックとシリカが使われています。

カーボンブラックとその働き

カーボンブラック(カーボン)は、原料ゴムに適切な量を加えることによって、① 強度が向上する(歪みに対する応力が大きくなる)、② 耐摩耗性が向上する(破断強度、破断伸びが大きくなる)、③ 路面との摩擦力が向上する(ヒステリシスエネルギーが大きくなる)、という効果が得られます。

その製造方法には長い歴史がありますが、近年は燃料を燃やして1300～1700℃以上の高温にした反応炉の中に液状の原料油を噴霧し、原料油を熱分解してつくられています[10)]。このとき、炉内温度、原料油の種類と噴霧量などの調整によって、その形態や表面の化学特性を変えることができるので、カーボンには数多くの種類があります。

カーボンブラックの性質は、主として①粒子径②ストラクチャーと、③表面形状に左右されます[11)]。

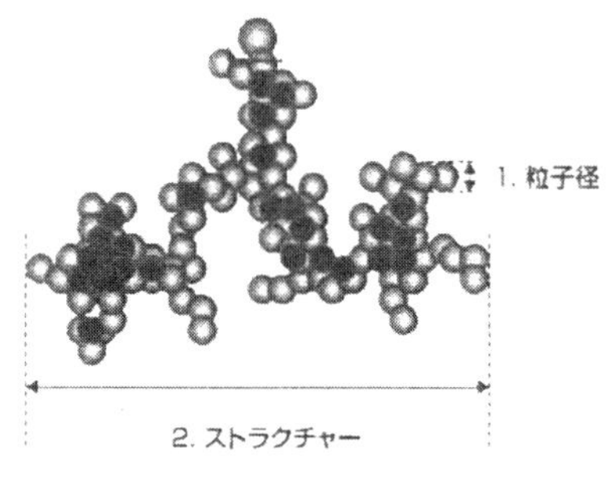

図 5-9　カーボンブラックの構造[11)]

①粒子径：タイヤ用として使用量が最も多いHAFカーボンの平均粒子径は30nm(ナノメートル：1×10^{-9}m)程度です。同じ分量の場合、粒子径が小さいほど表面積が広くなるので、ポリマーと結合する部分が増えて、グリップ性能と耐摩耗性が向上しますが、発熱も大きく、ゴムの中に均一に分散させることが難しくなります。

②ストラクチャー：カーボンブラックの最小単位は、アグリゲート(一次集合体)と呼ばれ、基本粒子が数個から数十個融着して、図5-9のように不規則な鎖状に枝分かれした複雑な形になっています。このアグリゲートの凝集構造をストラクチャーと言い、その大きさと形状によってゴムの硬さ、引張強さや耐摩耗性などの特性が決まります。

③表面性状：カーボンブラック粒子の表面は、様々な手法で観察されていますが[4]、極めて凹凸に富み、ヒドロキシ基(－OH)やカルボキシル基(　COOH)など各種の官能基(化学的な特徴をもち、反応性に富んだ原子団)があります。これらの官能基とポリマーが化学反応によって結合し、強度などの物性が向上しています[12]。

カーボンブラックの補強性の要因にはいくつかの説がありますが、混練り時に、カーボンの周辺に厚さ10nm弱のバウンドラバーと呼ばれる特殊な構造の層が形成されるためと考えられています。バウンドラバーは、カーボンの表面との相互作用で生じた成分や、カーボンの粒子が融着して形成されたストラクチャーの隙間に入り込んだゴム層と、混練り中にポリマーが切れたり再結合したりすることによって生じたゴム層から構成されており、この層がポリマーとカーボンをしっかりと繋ぐことによってゴムの強度が増すというわけです[13]。

カーボンブラックは紫外線の吸収能力に優れていることから、サイドウォールゴムの日光による劣化を抑制する働きもあります[12]。

低燃費タイヤ用シリカ

シリカは岩石の主成分であるケイ素の酸化物、二酸化ケイ素の微粉末で、一般にケイ酸ナトリウム(珪酸ソーダ)の水溶液に硫酸を反応させてつくられます。シリカの表面には、ケイ素原子にヒドロキシ基(－OH)の付いた、親水性の強いシラノール基(Si-OH)と呼ばれている官能基が存在し、空気中の水分を吸着して安定しています。天然ゴムやSBRは水をはじく性質がありますので、生ゴムにシリカを混ぜても、小麦粉を水で溶いたときのように、粒状のかたまり“だま”になって分散しません。そこで、シリカと化学反応して結び付く親水性のある官能基と、ポリマーと反応性の高い官能基を併せもつシランカップリング剤を配合し、シリカとポリマーを結んで、カーボンと同じ補強効果を得ています[14]。

カーボンブラックと比較して耐摩耗性や反発弾性、対候性(太陽光や風雨に耐えることができる性質)などではやや劣りますが、引裂き抵抗や耐屈曲疲労性などでは勝(まさ)っており、とりわけ低燃費タイヤ用ゴムの補強剤として優れた性質をもっています[13]。

7. ゴムの配合技術

原料ゴムに混入される配合剤

ゴム製品がつくられるとき、原料ゴムに混ぜて使用される材料を一般に配合剤と言い、配合剤を選びその量を決めることを“配合”と言っています。

タイヤのトレッド、サイドウォール、カーカスなどの各部分には、それぞれの部位の働きにふさわしいゴムが使われていますが、数多くの種類がある原料ゴムや数えきれない配合剤の中から最適な材料を選び、配合量を決めることの難しさは容易に想像いただけると思います。

実際に配合を行う場合、一般には原料ゴムによって基本的な配合を決めておき、これを起点として修正を繰り返しながら実際に使われる配合(実用配合)を決定するという手法がとられています[15]。

表5-2はNR(天然ゴム)とSBR(スチレブタジエンゴム)の基本配合の例で、数字はゴム分100に対する各配合剤の配合比率(重量)を示したものです。その単位「phr(parts per hundred rubber)」は「部」と訳されており、例えばNR配合の場合、カーボンブラックが50部、酸化亜鉛が5部配合されていることを示しています。

	NR配合	SBR配合
NR	100	
SBR		100
カーボンブラック	50	50
酸化亜鉛	5	3
ステアリン酸	1	2
プロセスオイル	5	5
老化防止剤	1	1
硫黄	2	2
加硫促進剤	1	1
合計(phr)	165	164

表5-2 実用配合の基本配合例[15]

配合剤の種類と性質

配合剤には大きく分けて①原料ゴムの補強と増量に関わる補強剤・充てん剤、②加工をしやすくする軟化剤・可塑剤、③加硫に関わる加硫剤(架橋(かきょう)剤)、④加硫ゴムの品質劣化を防ぐ老化防止剤などがあります。

① 補強剤・充てん剤：ゴムの補強や増量に使用される材料で、補強剤にはカーボンブラックとシリカがあります。充てん剤は加硫ゴムの量を増やし、原価を下げるために混入される材料ですが、軟化剤との組み合わせで配合剤の分散を

よくし、加工性を改善する働きもあります。

② 軟化剤・可塑剤：塑性は変形しやすい性質のことを言い、混練り工程で補強剤など他の配合剤を混ぜ合わせ、均一に分散しやすくするために用いられます。表5-2のプロセスオイルがこれに相当し、ほとんどが鉱物油ですが植物性の油が使われることもあります。

③ 加硫剤(架橋剤)：タイヤ用ゴムの加硫には硫黄が用いられ、加硫を低い温度で短時間に行うため加硫促進剤が加えられます。表5-2の酸化亜鉛は亜鉛華とも呼ばれ、ステアリン酸とともに加硫促進助剤として、加硫反応をスムーズに行うために、硫黄を加硫剤とする配合に欠かせない材料です。なお、分子鎖を化学結合で結ぶ反応または操作は"架橋(かきょう)"と呼ばれており、加硫剤は架橋剤とも呼ばれています。

④ 老化防止剤：加硫ゴムの耐熱性、耐オゾン性、耐酸化性、対候性向上などのために配合されています。

表5-3に各種原料ゴム・配合剤が加硫ゴムの物性に与える影響を示します[16)]。

物性	原料ゴム	充填剤	軟化剤	架橋剤	老化防止剤
硬さ	○	◎	◎	○	−
引張り強さ	○	◎	○	◎	−
耐疲労性	◎	○	○	◎	○
耐摩耗性	○	◎	△	−	○
発熱性	◎	◎	○	○	−
耐熱性	◎	○	△	○	−
耐油性	◎	△	○	△	−
気体透過性	◎	○	○	−	−
耐老化性	◎	△	△	○	◎

影響度　大◎　中○　小△

表5-3　原料ゴム・配合剤が物性に与える影響の一覧[16)]

8. タイヤ各部のゴム

トレッドゴム

クルマはタイヤを介して路上に支えられているので、接地部分に生じた力はトレッドゴムがその全てを受け止め、ホイールを経てサスペンションへと伝えられます。このため、トレッドゴムの物性はクルマの運動性能、乗り心地、燃費などすべての性能特性に多大な影響を与えます。

乗用車用タイヤのトレッドはチューブを外傷から守るカバーとして始まり、80年以上続いたバイアス構造の時代はサイドウォールと一体につくられ、ゴムにはもっぱら「丈夫で長持ち」が求められました。近年のラジアルタイヤのトレッドゴムは適度な弾性と反発弾性をもち、グリップ性に優れ、破断強度と引裂き強度が大きく、耐疲労性、耐摩耗性があることなどが必須の条件となっています。その上で、低燃費タイヤには転がり抵抗が小さくウエットグリップがよいこと、高性能タイヤにはグリップ力が大きく耐熱性があること、スタッドレスタイヤには低温特性がよいこと、オールシーズンタイヤにはあらゆる路面に対応できることが求められ、トレッドゴムはタイヤメーカーの技術開発上の最重要課題となっています。

サイドウォールのゴム

サイドウォールには、タイヤの“装う”働きの上からも、デザインを生かす上質感のある外観のゴムが求められます。

繰り返し曲げの力がかかりますので、耐屈曲性、耐疲労性に優れ、カーカスゴムとの接着性のよいゴムが使われます。常に外気に晒され日光があたるので、耐老化性、耐オゾン性が必要で、何種類かの老化防止剤が配合されています。縁石などによる傷が付きにくいことも重要です。

カーカスとベルトのゴム

カーカスにはコードとの接着性がよく、低発熱で、繰り返し変形やせん断応力に耐えるゴムが使われます。スチールベルトは細い鋼線に真鍮（しんちゅう）(黄銅)メッキが施されており、銅と加硫剤の硫黄が反応して接着するので、ゴムはいくらか架橋剤の硫黄分が多い配合になっています。また、ベルトの端はショルダー部にあり、柔らかいサイドウォールにつながっている上、コーナリング時に大きなストレスがかかるので、とくにせん断応力に強いゴムが貼られています。

インナーライナーのゴム

インナーライナーには、ブチルゴム(IIR：isobutene-isoprene rubber)が使われています。ブチルゴムは気体をほとんど通さないという性質(空気で天然ゴムの1/7～1/8)があり、チューブの素材として優れていますが、カーカスの天然ゴムやSBRとの接着性に劣るという欠点がありました[4)]。しかし、1971(昭和41)年になって、気密性は変わらず他のゴムとの接着性をよくしたハロゲン化ブチルゴムが開発され、標準的なインナーライナー用ゴムとなりました[18)]。

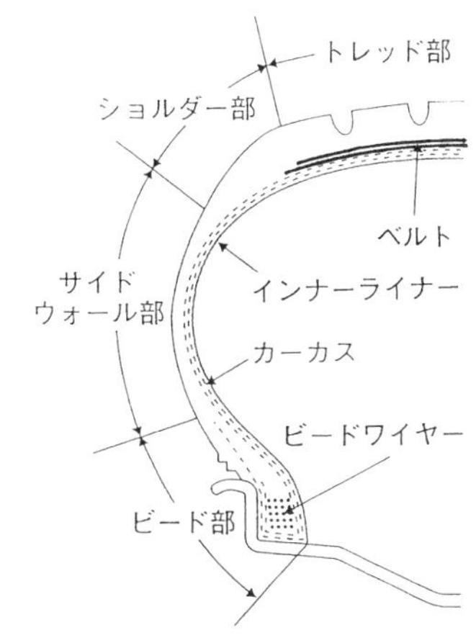

図 5-10　タイヤ構造図（JATMA資料より作成）

2011(平成23)年、横浜ゴムが合成ゴムと樹脂を組み合わせたインナーライナー用の新素材を適用した低燃費タイヤを発表しました。ブチルゴムの約1/5の厚さで、空気圧保持性能が約30%向上しているということです[19)]。

ビード部のゴム

ビードワイヤーは高張力鋼線ですが、そのままではゴムと接着しないので、スチールベルトと同じくブラス(真鍮)メッキがほどこされています。ブレーキからの熱によって高温になることがあるので、耐熱性があり、ワイヤーとよく接着する硫黄分の多いゴムが使われています。リムと接する部分のゴムは、耐熱性に加えて気密性を高めるため、リムに密着してずれにくいことと、リムに組み付けるときに大きなせん断力がかかりますので、引裂きに対する抵抗力も考慮されています。

9. ゴム製品の加工技術

ゴム製品の製造工程

ゴム製品の製造工程は、先に述べたように19世紀中頃、①原材料の準備⇒②素練り⇒③配合(混練り)⇒④成形⇒⑤加硫⇒⑥仕上げ・検査の順と決まり、それぞれの工程について加工設備と技術に改良が重ねられて今日に至っています。ここでは②素練りと③混練り、⑤加硫の各工程で、ゴムに何が起こっているのかを見ていくことにしましょう。

素練り

分子量の大きい良質の天然ゴムは、初期のゴム製品のように切ってそのまま使えるほど弾力性があります。生ゴムに充填剤や配合剤を混入するには、ハンコックが行ったように素練りによって長いゴム分子の糸まりを切りほぐし、軟らかくすることが必要です。

今は一般に素練りを行う機械として、図5-11のような２本のローター羽根を囲った構造の密閉式二軸混練機が使われています[16)]。

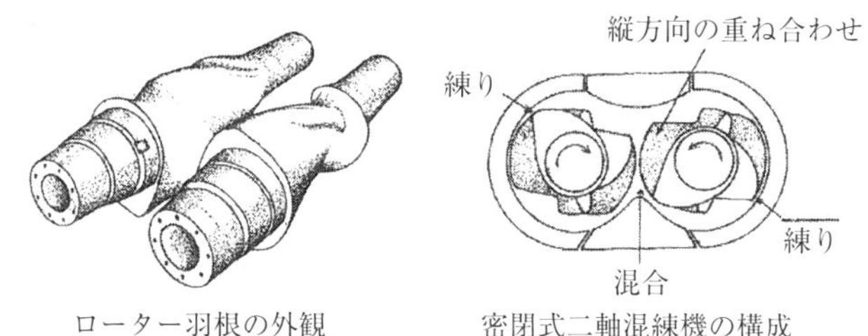

図 5-11　密閉式二軸混練機[16)]

図の“練り”の部分でゴム分子の固まりを解きほぐすわけですが、その効果を増すために軟化剤が加えられます。ゴム分子同士がこすり合わされて熱を発する結果、温度が上がってミクロブラウン運動が激しくなり、生ゴムは臼でついたお餅とか、陶器をつくるときの粘土のような状態になります。

混練り

この柔らかくした原料ゴムに、カーボンブラックやシリカなどの補強材をはじめ、様々な配合剤を混ぜ合わせて練るのが混練りです。ローターの回転速度と温度をコントロールし、タイミングを見計らって順次配合剤を加えていくわけですが、それぞれが極めて粒の細かい粉で油分もあります。充てん剤以外の配合剤は全体から言えば0.5～３％程度というごくわずかな量の粉なので、これを万遍なく分散させ、均質な練り生地(コンパウンド)に仕上げるにはコンピューターを使った練達の技が求められます。カーボンブラックのバウンドラバーができるのもこのときです。最後に加硫剤と加硫促進剤を入れますが、混練り中に加硫反応が始まっては大変なので、混練機内の温度はおおむね140℃以下、作業時間は５分以内で秒単位で制御されています。

混練機から排出された高温のコンパウンドはロールにかけてシート状にし、重ねてもくっつかないように防着剤を入れた水槽に浸したあと、コンベアで運びながら冷却されます。なお、加硫剤が添加されているコンパウンドはできるだけ早く加硫するのが望ましいとされています。

ゴムの加工技術は、そのほとんどが経験によって得られたものですが、とくにこの混練り工程は経験がものを言う、ゴム製品の製造工程の中で最も重要でかつ難しい工程です。

加硫

練り生地を製品の形に整え(成形)、金型に入れて熱と圧力を加えると、丸まり絡み合っているゴム分子同士が硫黄を介して結合し、三次元網目構造の弾力性があり、引張強さの大きいゴム製品が生まれます。言うまでもなく、このプロセスが加硫です。

乗用車タイヤの場合、加硫時の温度は180～200℃ですが、加硫は次のように進んでいくと考えられています。金型に入れ熱と圧力を加えられた配合ゴムは、ポリマーの熱運動が激しくなって柔らかくなり、やがて液状になって複雑に入り組んだ金型の隅々までも入り込んでいきます。そのうち温度が約160℃に達すると、硫黄分子とゴム分子との化学反応が始まり、ゴム分子が硫黄で結ばれ徐々に固まって、15～20分ほどで全体が弾力のある加硫ゴムに変わります[17]。圧力を加えるのは、練り生地中に含まれている空気が高温になって膨張し、気泡となって残るのを防ぐ目的もあります。

コラム

廃タイヤのリサイクル

近年、国内では年間およそ１億本前後、重量にして100万トン以上の廃タイヤが発生していますが、そのほとんどが下図のようにリサイクルされ、資源として活用されています[20]。JATMAのまとめによると、2019年の日本国内の廃タイヤ発生量は9600万本、重量にして102万6000トンで、埋め立てその他によって廃棄されるタイヤはわずかで、61％が燃料として、18％が再生ゴムやゴム粉などに加工して利用され、16％が海外に輸出されています[21]。

廃タイヤを細かく切ったものは“タイヤチップ”と呼ばれ、石油・石炭に比べて安価なことから、製紙工場のボイラーの燃料として最も多く使われています。ここでは、紙が木材チップに薬品を加えて高温・高圧の熱湯で煮て、樹脂を溶かして取り出した繊維分からつくられます。ゴム粉としては、アスファルトの改質材（７章－12参照）やコート、校庭などの弾性舗装材などに使用されています。

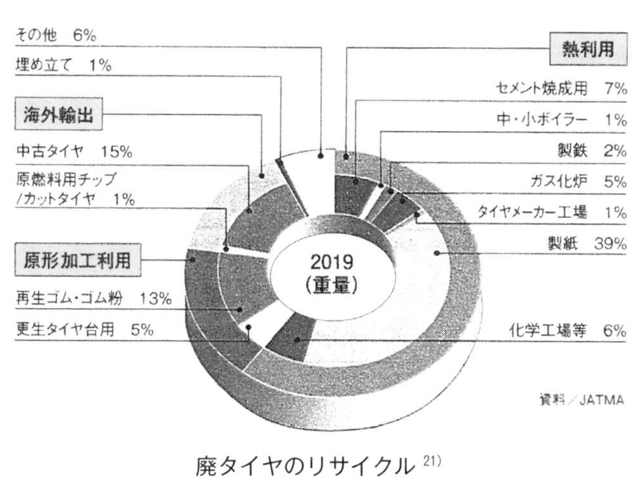

廃タイヤのリサイクル [21]

第6章
タイヤの転がり抵抗

本章では燃費に直接の影響を与えるタイヤの転がり抵抗について、車輪の転がりとは具体的にどのような現象なのかの観察から始めて、以下のように考察を進めています。

・クルマの走行抵抗に占める転がり抵抗の割合
・全ての車輪に共通した転がり抵抗とその低減
・空気入りタイヤの転がり抵抗
・高速走行時の転がり抵抗とスタンディングウエーブ
・接地摩擦によるエネルギーロス
・コーナリング時の転がり抵抗

そして最後に転がり抵抗の一般的な性質と、空気圧と転がり抵抗の関係をまとめました。

1. クルマの走行抵抗

走行抵抗の成分

走行抵抗は、クルマの走行を妨げる転がり抵抗、空気抵抗、勾配抵抗、加速抵抗の、4つの力を合わせたものを言います[1)]。

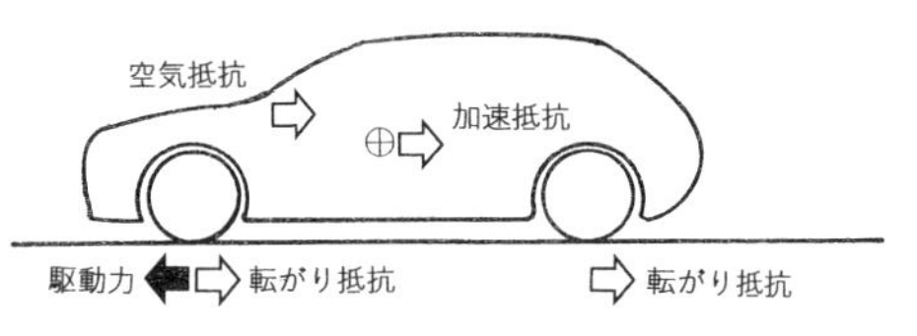

図 6-1　クルマの走行抵抗

① 転がり抵抗

タイヤの転がりによって発生する抵抗に、エンジンの中のオイルが攪拌されることによって生ずる抵抗や、変速機のギアのかみ合いなどによる抵抗などの内部抵抗を加えた抵抗と定義されています。自動車工学ではタイヤだけの転がり抵抗と、タイヤをクルマに装着して走らせたときの転がり抵抗を区別して考えるわけですが、その差はわずかなので一般には同じとして扱われており、本書でもこれに従って話を進めることにします。

転がり抵抗は荷重に比例して変化し、比例定数を転がり抵抗係数と呼んでいます。式で表すと

転がり抵抗＝転がり抵抗係数×タイヤにかかる荷重(車重)

で、荷重が大きくなるほど転がり抵抗は大きくなります。

② 空気抵抗

抗力とも呼ばれ、クルマの走行を妨げる方向に空気から受ける力を言います。この力は、クルマの前面投影面積(前から見たときの横断面の面積)と速度の二乗に比例し、比例定数を空気抵抗係数と呼んでいます。式で表すと、

空気抵抗＝空気抵抗係数×前面投影面積×車速の二乗

で、空気抵抗係数はクルマの形状によって決まります。

③ 勾配抵抗

クルマが坂道を登るとき、これを妨げる斜面に平行な力の成分です。クルマの重量が大きいほど、坂が急なほど大きくなり、式で表

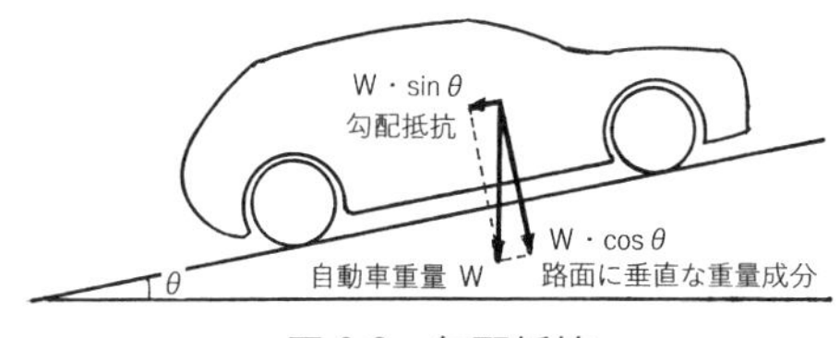

図 6-2　勾配抵抗

すと、

勾配抵抗＝車重(W)×勾配(sin θ)となります。

④ 加速抵抗

クルマを加速したときに発生する抵抗を言い、クルマの重量と加速度に比例します。式で表すと、

加速抵抗＝(車重＋駆動系の回転部分の慣性相当重量*)×加速度

となります。＊は駆動系の回転部分を加速するための力を重量に換算したものです。

各抵抗の走行抵抗への影響

これら4つの抵抗がどのような割合で走行抵抗に影響を与えるかは、気象や道路状態などの環境条件や運転の仕方などによって変わるので一概には言えません。しかし、空気抵抗を除く、転がり、勾配、加速の3つの抵抗の全てにクルマの重量が関わっていることから、走行抵抗の低減には付属品や荷物を含めて車両重量を軽くすることが最も有効なことは明らかです。

また実際の走行では、平坦な舗装路をほぼ一定の速度で走る機会が多いことから、車両重量に次いでタイヤの転がり抵抗とクルマの空気抵抗の影響が大きく、走行抵抗はこの2つの大きさによってほぼ決まります。図6-3で転がり抵抗、空気抵抗と走行速度の関係を見ると、一般道路で多いクルマの速度60km/h前後では空気抵抗よりも転がり抵抗の方が大きいことが分かります。1973(昭和48)年のオイルショックを契機として、転がり抵抗がタイヤの重要な性能指標となり、その低減がタイヤ開発の主要なテーマのひとつとなっているのはこのためです。

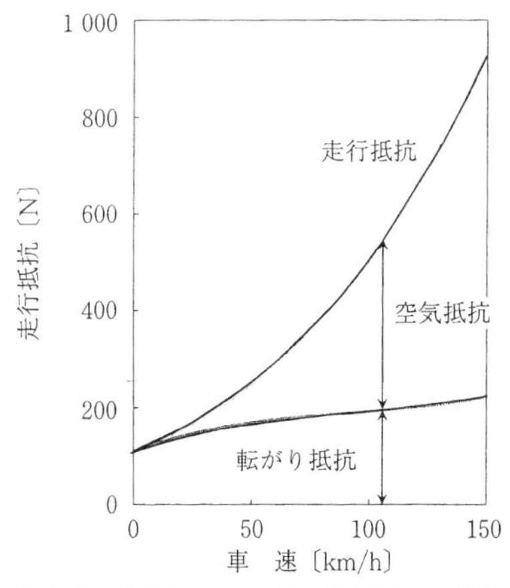

図6-3　2000cc クラス乗用車の走行抵抗の例[1)]

2. タイヤ／路面間の摩擦

物体間の摩擦

転がり抵抗はクルマの走行を妨げる力であり、「接触している2つの物体が相対的に運動し、または運動しようとするとき、その接触面で運動を妨げようとする向きに働く力」である摩擦力のひとつとして“転がり摩擦”とも呼ばれています。具体的には路上を転がっているタイヤの接地面と路面との間に働く、タイヤの転がりを妨げる力です。

摩擦にはこの他に、静止している物体を動かそうとするときに生ずる“静摩擦”と、物体間の滑りを妨げる“動摩擦”(すべり摩擦)とがあります。これらの摩擦については、フランスの物理学者G・アモントンやC・ド・クーロンらが17世紀末から18世紀にかけて金属や石材などの剛体について様々な実験を行い、次のような経験則が成立することを確認しています[2)]。

①摩擦力は相接する2つの物体の接触面に垂直に働く荷重に比例する

②摩擦力は見かけの接触面積に依存しない

③動摩擦は滑り速度に依存しない

そして、摩擦力は「物体の材質」、「表面の粗さ」、「接触面に水や油など潤滑剤がある場合、その物性と厚さ」の影響を受けることが明らかになっています。

タイヤ／路面間の摩擦

この摩擦の法則はタイヤの接地面と路面の間にもほぼ当てはまります。しかし、タイヤがクッションとして働く空気を閉じ込めたカーカスと、伸び縮みするトレッドをもつ複雑な構造の物体であることと、転がり摩擦はもちろん、静摩擦と動摩擦もタイヤが転がっている状態で発生するため、摩擦力の働き具合が剛体の場合とかなり異なっています。

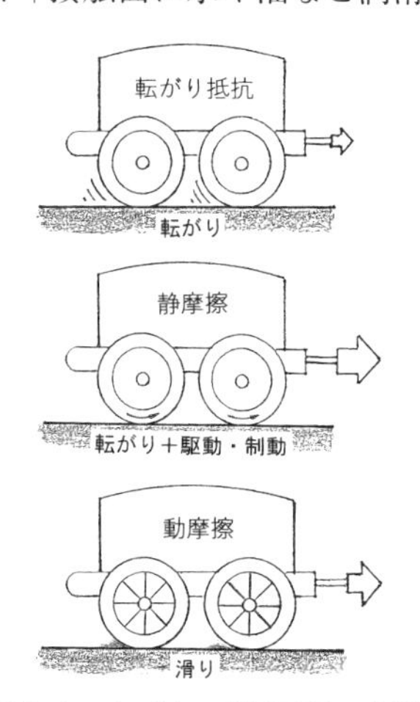

図6-4　タイヤ／路面間の摩擦

タイヤの状態で言えば、転がっているタイヤで路面との間に滑りがなく、駆動力や制動力が働いている場合は“静摩擦”、こうした力が働かず単に転がっているだけの場合が“転がり摩擦”(転がり抵抗)、タイヤ／路面間に滑りのある場合が“動摩擦”(すべり摩擦)ということになります[3)]。

具体的にこれら3つの摩擦をクルマの発進・加速－走行(直進する・曲がる)－減速・停止という一連の動きの中で見ると、次のようになっています。

まず発進・加速ではタイヤに駆動力が働き、接地面に後ろ向きの静摩擦力が生じてクルマは動き出します。ある速度に達するとクルマはほぼ一定の速さで進みますが、このとき転がり摩擦が発生しています。カーブでハンドルを切ると、接地面に横方向の力(横力)が生まれますが、このとき滑りがなければ静摩擦力、あれば動摩擦力です。そしてブレーキを踏むとタイヤに制動力が働き、発進・加速時とは逆の前向きの静摩擦力によってクルマは止まります。

クルマの状態とタイヤの摩擦の関係で整理すると、クルマが坦々と走っているときは転がり摩擦(転がり抵抗)、加速時や減速時のタイヤに前後方向の力が加わっているとき、つまりアクセル・ブレーキ操作時には静摩擦、カーブを曲がるときや、雨に濡れた道路や雪道など滑りやすい路面での急加速や急ブレーキでタイヤが滑っている場合には動摩擦(すべり摩擦)が関わっています。

ところで日本自動車工業会の調査[4)]によると、日本における全世帯の乗用車保有率は近年80%前後で推移しており、クルマは生活に欠かせない便利な道具として、私たちの暮らしに定着しています。その用途を主な運転者の目的別に見ると、買物41%、通勤・通学33%、レジャー13%、仕事・商用13%で、買物と通勤・通学を合わせると74%となり、仕事・商用の一部も入れると、クルマのほとんどが一般道路を利用した移動に使われていることが分かります。

このような日常的な走りでは、加速、減速といっても緩やかなもので、カーブも速度を落として少しハンドルを切る程度ですから、ほとんど転がり摩擦だけでクルマを走らせています。一方、レースやラリーなどのスポーツ走行では、スタートからゴールまで静摩擦と動摩擦の限界を極めながら走ります。こうしたタイヤの使用状況を踏まえ、以下転がり摩擦(転がり抵抗)について考え、静摩擦、動摩擦については次の第7章で述べたいと思います。

3. 転がりと摩擦の実験

タイヤの摩擦はロックして滑るなど特殊なケースを除けば、転がっている状態で路面との間に生じる現象ですが、道路脇から目の前を走り抜けるタイヤに目を凝らしても、実際の摩擦がどうなっているのかよく分かりません。

そこで、図6-5を参考に、転がりと摩擦の関係を簡単な机上実験で確かめてみたいと思います。

①準備

不要になったCDまたはパソコンのデータ用DVD－Rと表面の粗い厚紙を準備し、CDの表面に、図のように中心から径方向に先端が外周に接する矢印を描きます。

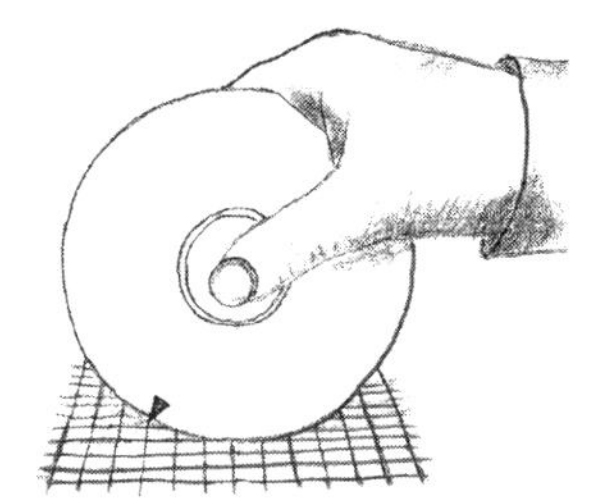

図6-5　転がりと摩擦の実験

②静摩擦力と動摩擦力を体感する

CDの穴の部分を親指と中指で持ち、厚紙の上に乗せてCDが転がらないようにしっかりと持って上から押さえ、前に押してみます。このときCDを滑らせまいとする力が感じられますが、その力が静摩擦力です。前に押す力を大きくするとCDは滑りだしますが、滑っている間に感じられる力が動摩擦力で、滑り出す直前に感じられる力を“最大静摩擦力”と呼んでいます。わずかな違いですので分かりにくいかもしれませんが、一般に動摩擦力は最大静摩擦力よりも小さいとされています。

上から押す力を強くするほど摩擦力は大きくなりますが、これを法則にまとめたのが摩擦の第一法則「摩擦力は相接する２つの物体の接触面に垂直に働く荷重に比例する」です。このときの比例定数が摩擦係数で、式に表すと〔摩擦力＝摩擦係数×荷重〕ということになります。摩擦係数は表面の粗さによって変わります。CDをなめらかな表面の机の上で滑らせ、厚紙の上を滑らせたときの摩擦力と比べると、上から押す力が同じであれば、摩擦係数の小さい机の上の方が少ない力で滑ります。

③転がりを観察する

次にCDの中央の穴を親指と中指で軽くはさみ、厚紙の上を自由に前後に転がして転がり摩擦力を感じる実験です。必要な力は静摩擦力や動摩擦力と比べると極端に小さく、転がり摩擦力というよりも転がり抵抗という言葉がふさわしいように思われます。そして矢印が真下に来るようにCDをセットし、CDを前後に揺するように転がして先端の動きを見ると、図6-6に示すように、矢の先端は厚紙の面に垂直に突き刺さるように接し、真上に向かって離れていくことが分かります(この円盤上の一点が描く軌跡は“サイクロイド曲線”と呼ばれています)。

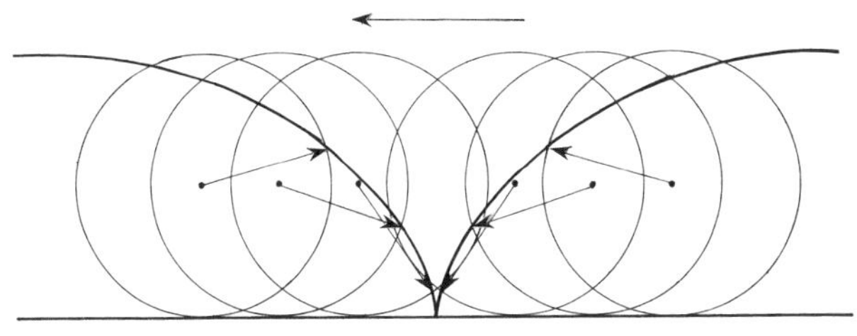
図 6-6 サイクロイド曲線

今度は机の上で、矢印の先が机に触れた状態から前に転がし、矢印がもう一度机に触れるまで1回転させて、先端が進む様子を観察してみましょう。矢印の先は机に触れている瞬間には止まっていますが、宇宙ロケットを打ち上げるときのように垂直に立ち上がって転がっていく方向に速度を上げ、上端でCDの進むスピードの倍の速さで前に進み、頂点を過ぎると徐々に速度を落として垂直に机に触れ、一瞬停止するという動きをしていることが分かります。

④定規に当てて転がり抵抗を確かめる

最後に、厚紙の上にCDの転がる方向と直角に厚さ2mm程度の定規を置き、定規の角に矢印の先端が当たるようにセットして、CDを転がしながら矢印をぶつけてみます。すると図6-7に示すようなCDの前進を止める力と同時に、上に押し上げる力が感じられます。

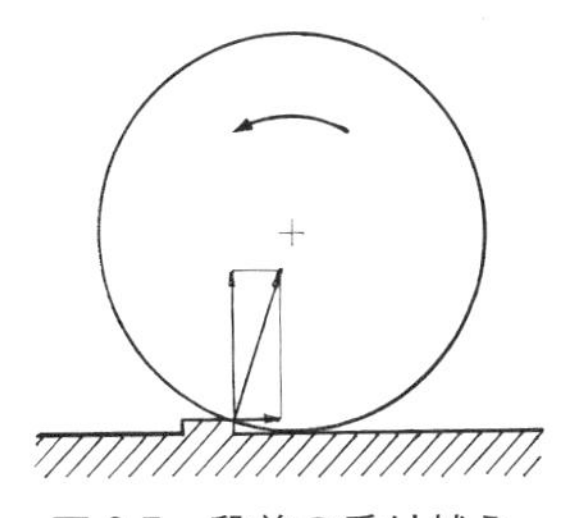
図 6-7 段差の乗り越え

4. 純粋転がり抵抗

前項の③転がりを観察する実験はクルマでも行えますが、手軽にできてトレッドの動きが分かりやすいのは自転車タイヤでの実験です。エアバルブにリボンを付けて誰かに走ってもらい、５ｍくらい離れた横からこれを観察すると、リボンがあたかもウサギやシカが飛びながら走るときのようにヒョイヒョイと動き、トレッドが地面を叩いて一瞬止まる様子を見ることができます。

転がり抵抗発生のメカニズム

以上の一連の実験結果から、CDが転がるとき、円周上の１点は路面に対してほぼ垂直に接し、真上に向かって離れていくことが確認いただけたと思います。この結果を踏まえて、転がっているタイヤと路面との摩擦がどうなっているかを考えてみましょう。異なるのは、CDと厚紙がわずかな面積で接触しているのに対して、タイヤは弾性体ですので荷重によってたわみ、路面と大きな面積で接触していて、この面に圧力がかかっているというところです。

平坦な路上で静止している、断面が円形のタイヤの接地面にかかる圧力は、変形の大きい接地中心が最も高く、その分布は図6-8の①のようになっています。

さて、転がっているタイヤのトレッド表面の１点に着目し、この点が路面に接してから離れるまでの動きを見てみましょう。まず、この点が接地する瞬間の路面に対する動きですが、CDの場合、点は回転軸のほぼ真下で厚紙に接するので速度がゼロに近いのに対して、タイヤはたわむため、点は接地中心より前で、ある速度をもって路面に踏み込むかたちで接し、荷重がかかります。

この踏み込む力によって、接地面にかかる圧力は中心から前の方は静止しているときに比べて高くなり、中心から後ろの方は、逆にタイヤの弾力によって元の形に戻ろうとする力が働くため圧力が低くなります。接地圧分布で見ると図6-8の②のようになっており、接地圧力の重心が接地面の中心より前にあ

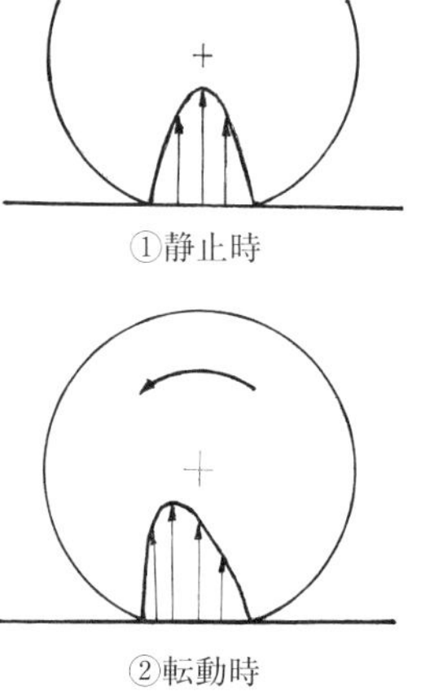

図 6-8　接地面の圧力分布

ることが分かります。

転がり抵抗の定義

荷重は接地圧力の重心にかかるとして考えると、静止しているタイヤでは接地面の中心に荷重がかかりますが、転がっているタイヤでは接地面の中心より前に荷重がかかり、この路面からの反力が接地中心の前後で異なることによって、タイヤの転がりを妨げる力、転がり抵抗が発生するわけで、以下のように数式で求めることができます。

一定の速度で自由に転がり、直進しているタイヤについて図6-9の点pのまわりの力とモーメント(回転能力の大きさ)を考えます。図で転がり抵抗をR、転がり半径をr、荷重反力をF、接地圧力重心と接地中心との距離をxとすると、左回りのモーメントがR×r、右回りのモーメントはF×xで、一定の速さで転がっているとすれば、モーメントの釣り合いからR×r=F×xが成り立ちます。この式から転がり抵抗R=F×x／rが導かれ、転がり抵抗は、荷重に接地圧力重心と接地中心との距離を掛け、タイヤの転がり半径で割った値ということになります。

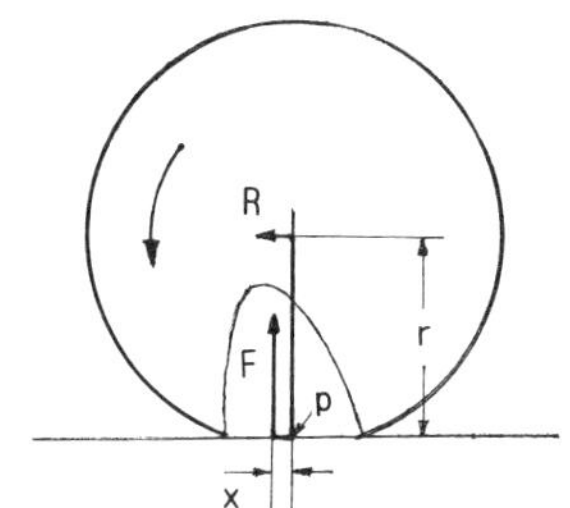

図 6-9　転がるタイヤのモーメントの釣り合い

転がり抵抗の性質

この式から次のことが言えます。

①転がり抵抗は、タイヤにかかる荷重に比例して大きくなる
②接地圧重心と接地中心との距離が長くなるほど転がり抵抗が大きくなる
③タイヤの転がり半径が大きいほど転がり抵抗が小さくなる

なお、以上の転がり抵抗は「タイヤの」と述べてきましたが、タイヤの定義は「車輪の外囲にはめる鉄またはゴム製の輪」なので、正しくは「車輪の」転がり抵抗です。この転がり抵抗は、レールの上を走る電車の車輪をはじめ台車のゴムタイヤやキャリーバッグのキャスターなど、全ての車輪に当てはまる、いわば“純粋転がり抵抗”と言えるものです。

5. 純粋転がり抵抗の低減

空気入りタイヤの純粋転がり抵抗

空気入りタイヤの転がり抵抗は、前項(6章－4)で述べた車輪としての純粋転がり抵抗に、タイヤ自体から生じて転がり抵抗となるゴムのヒステリシスロスや路面との摩擦力などを加えたものになるわけで、いずれにしても①荷重が大きいほど、②接地圧重心と接地中心との距離が長いほど大きくなり、③タイヤの転がり半径が大きいほど小さくなります。

クルマの燃費をよくする方法として「(1)運転の仕方を適切にする、(2)不必要な荷物はおろす、(3)タイヤの空気圧を高めにする」の3項目がよく知られています。タイヤについて言えば、①の荷重が大きくならないように(2)の余計な荷物を積まないこと、③のタイヤの転がり半径が大きくなるように(3)の空気圧を高めにすることが転がり抵抗を小さくすることに結び付いています。

路面の粗さと転がり抵抗

②の接地圧重心と接地中心との距離ですが、タイヤが静止している状態ではゼロで、転がることによって接地圧重心が前に進むことから、その数値は速度の上昇に伴ってわずかですが大きくなります。ラジアルタイヤの転がり抵抗が一般に120km/hあたりまでゆるやかに増加するのはこのためです。

6章－3で紹介したCDを転がして定規に当てる実験では、路面に突起がある場合、転がり抵抗としてタイヤの前進を妨げる力と同時に、タイヤを持ち上げようとする思いのほか大きな力が働くことを実感することができます。トムソンの馬車による牽引力の比較テスト(2章－4参照)でもそうでしたが、路面の凹凸が大きいほど接地圧重心と接地中心との距離が長くなり、牽引力＝転がり抵抗が大きくなります。雪道や非舗装路で転がり抵抗が大きくなる理由のひとつにも、この接地圧重心と接地中心との距離が大きくなることが考えられます[5)]。

また2010年代に入り、㈱NIPPOと土木研究所の共同研究によって、タイヤの転がり抵抗が路面のテクスチャ(肌理(きめ)の深さ)や路面のラフネス(凹凸の大きさ)の影響を強く受け、これらの値が大きくなるほど転がり抵抗係数が大きくなることが実験によって確認されています[6]。

外径の大きい低燃費タイヤ

③による転がり抵抗の低減については、タイヤの転がり半径を大きくすると1回転で転がる距離が長くなり、距離あたりのゴムの変形回数が少なくなります。この転がり抵抗の低減効果に、高空気圧によってタイヤのたわみが小さくなる効果を加え、超低転がり抵抗性とタイヤに求められる諸性能の調和を図った究極のエコタイヤが、2013年11月から販売の始まったBMWの電気自動車i3(アイスリー)に標準装着されています。

155/70R19サイズの、外径が大きくタイヤ幅の狭いブリヂストンのエコピアEP500で、ホイールサイズ5J×19、空気圧320kPaの設定となっており、発表された論文によれば約10%の燃費向上効果が確認されています[7]。

一般にコンパクトカーに装着されているタイヤのメーカー推奨空気圧は230 kPa前後で、JATMA規格の乗用車ラジアルプライタイヤの最高使用空気圧、350 kPaに近い高内圧なので乗り心地が気がかりですが、サスペンションとのマッチングが図られており、一般のスポーツカー並みと評価されているようです(図6-11参照)。

図6-10 BMWi3(BMWジャパン提供)

車高が高くなることについては、目線が高くなって開放感が増すことや、セダンからミニバンやSUVに乗り換える人が増えている現状からみて抵抗感はないように思われます。

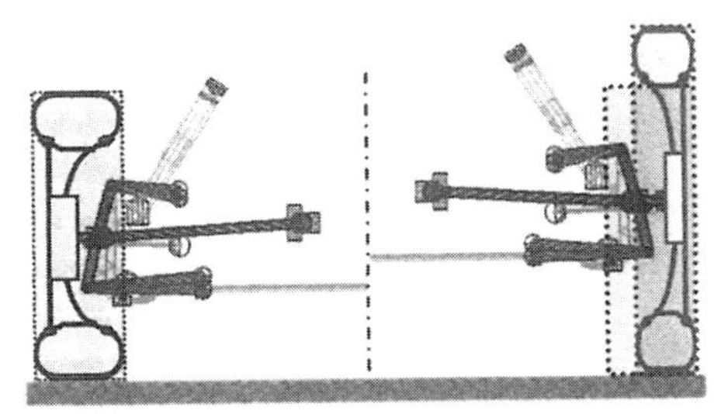

図6-11 サスペンションの比較[7]
(右がi3)

6. 空気入りタイヤの転がり抵抗

３つのエネルギーロス

空気入りタイヤは文字通り空気を封じ込めたゴムと繊維からなる複合体なので、その転がり抵抗は前項（６章－５）で述べた純粋転がり抵抗に、タイヤ自体から生じて転がり抵抗となる下記の３つのエネルギーロスを加えたものとなります。

①回転に伴う繰り返し変形によるエネルギーロス

②トレッドゴムと路面との間の接地摩擦によるエネルギーロス

③回転しつつ進むことによって生じる空気抵抗によるエネルギーロス

①のエネルギーロスは、第５章で述べた“ヒステリシスロス”です。全エネルギーロスに占める各ロスの割合は、バイアスタイヤで③の空気抵抗が１～３％、②の摩擦抵抗が５～10％程度で、90％前後が①のゴムやコードなどタイヤを構成する部材の繰り返し変形によって生じるヒステリシスロスとしている文献[8]があり、ラジアルタイヤでもほぼ同程度とされています。タイヤの回転に伴う空気抵抗は小さく、クルマの空気抵抗に含まれると考えてここでは無視して、①の回転に伴う繰り返し変形によるエネルギーロスについて調べ、②については第７章「タイヤと路面の摩擦」で述べます。

タイヤの変形によるエネルギーロス

図6-12は、転がっているタイヤの各部分に発生するエネルギーロスの比率を、有限要素法[9]を使ってコンピューターで計算した結果を示したものです[10]。トレッドはタイヤの溝のある部分のゴムを、ベースは溝底とベルトとの間の接地しない部分のゴムを指しています。ベルトにはスチール、プライとビードフィラーには繊維が含まれていますが、全てゴムで覆われているので、タイヤの変形によるエネルギーロスの大部分はゴムのヒステリシスロスと言ってよいことが分かります。

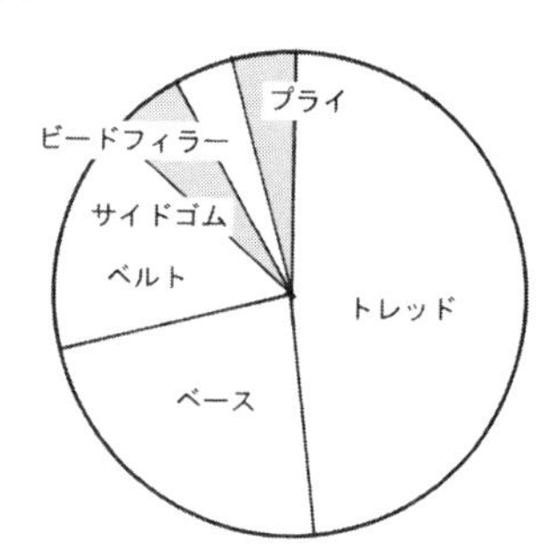

図 6-12　タイヤ各部のエネルギーロスの比率[10]

ヒステリシスロスに影響を与える要因

転がり抵抗の原因となるゴムのヒステリシスロスは、5章－2で述べたように、タイヤが路面に押し付けられ、たわむことによってゴムの中に蓄えられたエネルギーが元の形に戻るときにその全てが使われず、一部が熱エネルギーになって発散することによって生じるものです。

このことから、ヒステリシスロスに影響を与える要因は、タイヤの設計要素で言えば①タイヤの形状・構造・トレッドパターン・材料とくにトレッドゴムの特性、使用条件では②たわみの大きさに影響する荷重と空気圧、③トレッドゴムの量、④速度、⑤環境温度などということになります。

1)タイヤの設計要素

①タイヤの形状・構造・トレッドパターン・材料：タイヤのヒステリシスロスを小さくするには、荷重が同じでも変形が小さく、接地面の変形に偏りのない形状、構造、パターンが求められ、他の性能特性とバランスのとれたエネルギーロスの小さいトレッドゴムの開発が進められています。詳細は、第8章「低燃費タイヤの特性」で述べます。

2)タイヤの使用条件

②荷重と空気圧：荷重を減らし、空気圧を高くすることはタイヤの転がり抵抗を小さくするための最も簡単な手法として知られています。

③トレッドゴムの量：摩耗によってトレッドゴムの体積が減ればヒステリシスロスは小さくなりますが、その程度はゴム質と使用条件によって異なります。

④速度：ゴムのヒステリシスロスに転がりによる抵抗が加わって120km/hあたりまではゆるやかに増加しますが、それ以上の速度では次項(6章－7)に述べるスタンディングウエーブの影響によって急増します。

⑤環境温度：気温や路面の温度が上昇するとヒステリシスロスは小さくなります。これは温度の上昇によってゴムの分子が動きやすくなるためと考えられており、周囲の温度が10℃高くなると転がり抵抗は5～10%減少します[11)]。

7. 高速走行時の転がり抵抗

バイアスタイヤのスタンディングウエーブ

通常の走行速度では見られず、今は使われることがありませんが、バイアスタイヤで高速走行すると転がり抵抗が急増し、“スタンディングウエーブ”が発生してバーストするので要注意であることはよく知られています。

タイヤのスタンディングウエーブ(定常波)は、図6-13のようにタイヤを高速で走らせたときトレッドの接地部後方に現れる波打ち現象で、この波が発生すると、発熱のためにタイヤが破裂する恐れがあるのです。

図6-13の写真は『タイヤ工学』[12]の著者、酒井秀男氏が今から約60年も前、名神高速道路開通を控えて実車走行試験が行われた1961(昭和36)年に撮影されたもので、タイヤは5.60-13サイズのバイアスタイヤ、走行前の空気圧1.4kgf/㎠(140kPa)、速度200km/hで発生したスタンディングウエーブです。

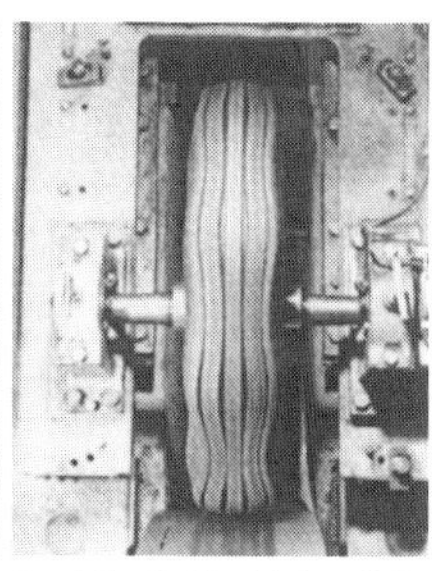

図 6-13　バイアスタイヤ 5.60-13 に発生したスタンディングウエーブ

その形をよく見ると、トレッドがドラムから離れた直後の部分で太くなり次の部分で細くなるという異形の波で、ほぼ半周で消えています。波が発生するのはトレッドがドラムから離れた直後の部分で、ドラム表面からの圧力が急になくなり、タイヤの内圧と回転による遠心力でトレッドが膨らんで、次の瞬間、ゴムの弾力によって元の形に戻るということの繰り返しでできた波です。

波は後ろに伝わっていきますが、タイヤの回転が遅いとすぐに消えてしまい何事もありません。しかし、タイヤの回転スピードが速くなり、波が消えないうちにその部分が再びドラムに押し付けられる速度に達すると、波が重なって大きくなり、実際の波は後ろに進んでいるのに見かけ上同じ位置にとどまって見える定常波、スタンディングウエーブが発生します。この波は速度が上がるほど大きくなって転がり抵抗が急増し、この実験では写真の状態になって間もなくトレッドゴムの発熱によってブレーカーとの接着が緩み、トレッドパターンのブロックの一部が剥離して飛散しています。

酒井氏は後にこの現象について詳しく調べ、バイアスタイヤではタイヤの断面半径を大きく、コード角度を小さく、トレッドを薄くし、空気圧を高くするほどその発生速度が高くなることを確かめられています。そして、2000(平成12)年に著書[13)]で「普通の乗用車用バイアスタイヤでは通常の使用条件下の発生速度が時速約140キロメートル、ラジアルタイヤではトレッド部にベルトがあるためスタンディングウエーブが発生することはないが、時速約190キロメートル以上でサイドウォール部に小さなスタンディングウエーブが発生するといわれる」と述べておられます。

ラジアルタイヤのスタンディングウエーブ

ラジアルタイヤのスタンディングウエーブについては、『JAF Mate[14)]』に195/65R15サイズの新品タイヤで目視された発生状況が掲載されています。

記事によると、タイヤメーカーの試験機を使って室温25℃、荷重600kgの条件で適正空気圧(230kPa)と空気圧半分(115kPa)のタイヤを走らせたところ、100km/hでは見た目でその違いが分かりませんでした。その後、速度を10km/hずつ上げ、各速度で10分間観察したところ、200km/hで空気圧半分のタイヤのサイドウォールにスタンディングウエーブの発生が認められました。そして速度が210km/hになると波打ちが激しくなり、タイヤはバーストしたということです。適正空気圧のタイヤにはこの速度でのスタンディングウエーブの発生は認められていません。

スタンディングウエーブは接地部後方でタイヤ全体が太くなったり細くなったりする波打ち現象であり、トレッド部に剛性の高いベルトのあるラジアルタイヤでは「190km/h以上の高速走行でサイドウォールに現れることがある」とするのが妥当ではないかと考えられます。実際の道路上では法定速度を守っていればタイヤにスタンディングウエーブが発生することはありません。

8. 接地摩擦によるエネルギーロス

トレッドの接地と接地圧分布

先のタイヤの転がり実験で、円周上の一点は接地面の先端である速度をもって踏み込みむかたちで路面に接し、後端で路面を蹴るようにほぼ真上に向かって離れていくことが分かりました。

このとき、丸い形のトレッド表面が平らな路面に押し付けられて収縮し、接地前半では前の方に、後半では後ろに向かって、また左右方向にもごくわずかながら接地面にゴムの変形(せん断変形)と同時にミクロな滑りが生じ、摩擦力が発生します。実際には路面に大小の突起があるので、トレッドゴムはこれを包み込むように変形し、しかもトレッドは様々な形のゴムブロックの集合体なので、その向きは必ずしも上に述べた方向と一致しません。このトレッド表面のゴムの変形によるヒステリシスロスとミクロな滑りによって生まれる接地摩擦も転がり抵抗となります。転がり抵抗の低減を考えればこの摩擦力は小さいことが望ましいのですが、この接地摩擦がなければタイヤは転がることができません。クルマが安定した状態で走るには路面の摩擦係数が大きくも小さくもなく、適度であることが望ましいわけです。

なお、内圧が一定で荷重が大きくなった場合、接地圧分布は右図のように接地長さが長くなりますが、接地圧重心の位置にほとんど変化はなく、転がり抵抗はほぼ一定なので、転がり抵抗係数が荷重によって変わることはありません[12]。

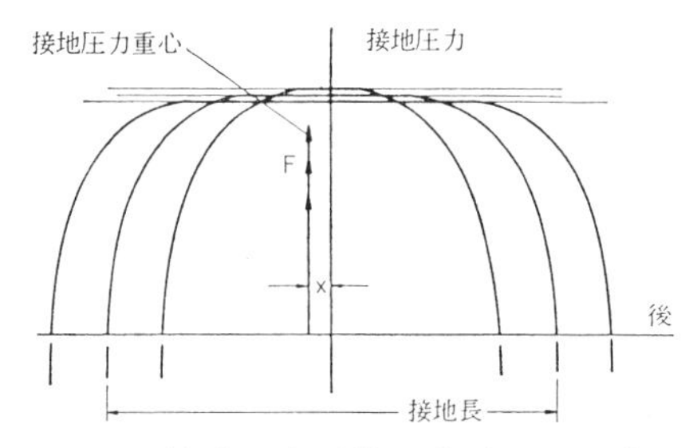

図 6-14　接地圧力形状の荷重による変化(内圧一定)[12]

エアリアルホイールの転がり抵抗

第2章で、空気入りタイヤを発明したトムソンが行ったエアリアルホイールと鉄タイヤとの牽引力の比較テスト結果を紹介しました。2章－4の牽引力比較表で、3種類の路面におけるエアリアルホイールと鉄タイヤの転がり抵抗を比べると、エアリアルホイールの方が舗装路、マカダム路で約40％、凹凸の激しい石畳路では約70％も転がり抵抗が小さくなっています。

それぞれのタイヤで路面別の牽引力(転がり抵抗)を比較すると、表6-1のようになり、舗装路における牽引力を100とすると、鉄タイヤの場合石畳路では268と約2.7倍にもなっていますが、エアリアルホイールでは138と約1.4倍にとどまっています。エアリアルホイールはゴムを浸み込ませたキャンバスのチューブに皮のカバーをかけた、言わば断面径13cm弱のカーカスだけでつくられたタイヤですが、空気入りタイヤの路面の突起を包み込むクッションとしての働きによって転がり抵抗がいかに大きく低減できるかが分かります。

		鉄タイヤ		エアリアルホイール	
Road surface	路面	牽引力	比較	牽引力	比較
Paved streets	舗装路	22	100	13	100
Macadam	マカダム路	18	82	11	85
Broken granite	石畳路	59	268	18	138

表6-1　各種路面における牽引力の比較
注：牽引力の単位はkg、比較は舗装路を100としたときの比率

乾燥路面における転がり抵抗係数

このように、タイヤの転がり抵抗は路面状態の影響を受け、乾燥路面における転がり抵抗係数は表6-2のようになっています。

Road surface	路面	転がり抵抗係数
Large set pavement	大きな敷石舗装路	0.013
Small set pavement	小さな敷石舗装路	0.013
Concrete	コンクリート舗装路	0.011
Asphalt	アスファルト舗装路	0.011
Rolled gravel	ローラーで均した砂利道	0.02
Tarmacadam	タールマカダム舗装路	0.025
Unpaved road	非舗装路	0.05

表6-2　各種道路における転がり抵抗係数
『Automotive Handbook 9 th Edition』より

9. コーナリング時の転がり抵抗

スリップ角とコーナリングフォース

カーブを曲がるとき、私たちの普段の運転ではハンドルを切ってタイヤを行きたい方向に向ければクルマはその方向に進みます。しかし、濡れた道路や雪道などの滑りやすい路面で、思っていた以上にカーブがきつく、ハンドルを切ったのにクルマがその方向に向かわず、前輪が外に滑っていくような感じを受けた経験はありませんか。こういう場合のように、タイヤの中心面がクルマの進行方向に対してある角度(スリップ角)で横に滑りながら転がっている状態を考え、このときタイヤに働く力を調べてみましょう。

図6-15でトレッド中心線上の一点の動きを見ると、点は接地面の前端で路面に接し、トレッドゴムが歪んでそのまま滑りのない状態(粘着域)で斜め後ろ(図の下方向)に移動しますが、この歪み(せん断変形)によって"横力"(サイドフォース)が発生します。さらに後ろに移動すると、変形が大きくなって横滑りが起こり(すべり域)、接地面の後端で路面から離れます。

この横力のクルマの進行方向に直角な成分を"コーナリングフォース"、進行方向と逆向きの成分を"コーナリング抵抗"と呼んでいます。

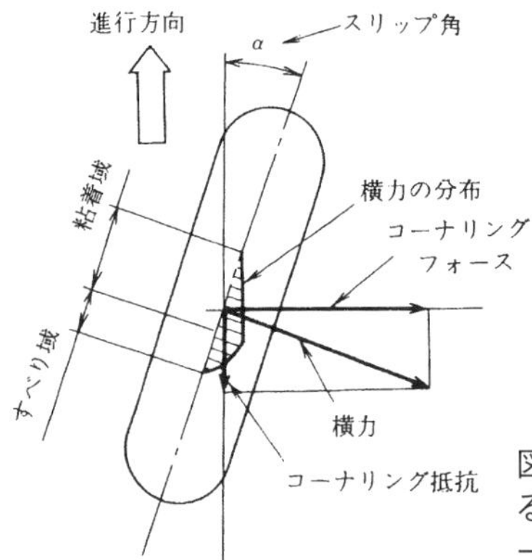

図6-15　コーナリング時に発生する横力の分布とコーナリングフォースとコーナリング抵抗[12)]

図は分かりやすいようにスリップ角を大きく描いていますが、乾いた路面はもちろん、濡れた路面でもすべり摩擦係数が0.5以上あれば、急カーブでもスリップ角は１度以下で、路面の乾湿による横力の差は見られません。このことは、スリップ角の小さい範囲では、タイヤ／路面間に滑りはほとんどなく、タイヤの横方向の変形がもとの形に戻ろうとする復元力が横力になっているためと考えられています。

スリップ角１度のコーナリングフォースを“コーナリングパワー”と呼んでいます。この数値が大きい、例えば偏平なタイヤは、少しハンドルを切っても大きなコーナリングフォースが得られるので、ハンドリングがシャープに感じられます。

コーナリング抵抗

コーナリング抵抗は横力の進行方向と逆向きの力の成分で、カーブを走るときにはこの力が加わるため、転がり抵抗が大きくなります。スピードを落とさずに走るためには少しアクセルペダルを踏むことが必要で、曲がりくねった道を走ると燃費が悪くなるのはこのためです。

ニューマチックトレールとセルフアライニングトルク

横力のかかる中心(着力点)はタイヤの接地中心より後ろにずれており、その距離を“ニューマチックトレール”と呼んでいます。その値はタイヤサイズ、荷重などによって異なりますが、乗用車タイヤで20～40mmです。このずれによって、接地中心のまわりにスリップ角を小さくする方向に〔コーナリングフォース(kg)×ニューマチックトレール(m)＝セルフアライニングトルク(self aligning torque：kg-m)〕という回転力(トルク)が生じます。

英語のアラインはまっすぐにすることを意味し、自分で(セルフ)元の進行方向に戻ろうとするトルクということから“復元トルク”と訳されており、頭文字をとって“SAT”とも呼ばれています。

セルフアライニングトルクはカーブから直線に移るときに、切っていたハンドルを元に戻す力で、運転を楽にする働きがあります。このトルクは接地長が長いほど大きくなるので、負荷荷重が大きいほど、また空気圧が低いほど大きくなり、ハンドルの操舵力や保舵力が重くなります。

10. 転がり抵抗のまとめ

転がり抵抗の一般的な性質

本章で述べた転がり抵抗の一般的な性質をまとめると、表6-3のようになります。

要因		転がり抵抗の性質
クルマ	重量	① 増加に伴い増加
	速度	② 増加に伴い増加(約20～120km/hではわずか)
	コーナリング	③ スリップ角と速度の増加に伴い増加
タイヤ	新旧	④ 摩耗に伴い減少
	空気圧	⑤ 低下に伴い増加
気候	気温・路面温度	⑥ 上昇に伴い減少
	雨量	⑦ 増加に伴い増加
道路	路面	⑧ 状態により変化(凹凸・粗さ)(潤滑の有無)

表 6-3　転がり抵抗の性質一覧

①タイヤの転がり抵抗は、ほぼ荷重に比例して増加し、転がり抵抗係数はほぼ一定の値となる。また、タイヤのたわみはほぼ荷重に比例して増加するので、転がり抵抗はほぼたわみに比例して増加する

②速度が20～120km/hの間での転がり抵抗は速度の増加によって多少増加する傾向があるが、ほぼ一定とみなせる

④トレッドゴムの厚さが薄くなれば転がり抵抗は減少する(新品タイヤが完全に摩耗すると転がり抵抗が15～50%小さくなる[15])

⑤荷重を一定にして内圧を増加させた場合、たわみが小さくなり、タイヤを構成する部材のヒステリシスロスが少なくなるので、転がり抵抗は減少する

⑥タイヤの温度が高くなれば、転がり抵抗は減少する[16]

⑦路面に水膜があると、その水を接地面から排出するのに必要なエネルギーが転がり抵抗となり、水量が多いほどその値は大きくなる

⑧路面の凹凸が大きく、粗いほど転がり抵抗は大きくなる。濡れた路面、雪路、凍結路ではその状態によって増減する

空気圧と転がり抵抗

⑤の空気圧と転がり抵抗の関係は、空気圧が増加すると、図6-16のように通常の使用範囲(150～300kPa)では転がり抵抗が空気圧の増加率の1/2程度低くなります。

この場合、タイヤのたわみ量が小さくなると同時にタイヤ各部のひずみの分布状態が変化するため、トレッドゴムのヒステリシスロスの寄与率が変わってきます。乗用車用ラジアルタイヤで50km/hの速度で行われた実験の結果によると、空気圧1.7kgf/cm²(170kPa)のとき、転がり抵抗に及ぼすトレッドゴムの寄与率は58%だったのに対して、空気圧がほぼ2倍の3.15kgf/cm²(315 kPa)の場合、トレッドゴムの寄与率が95%にもなったということです[15]。

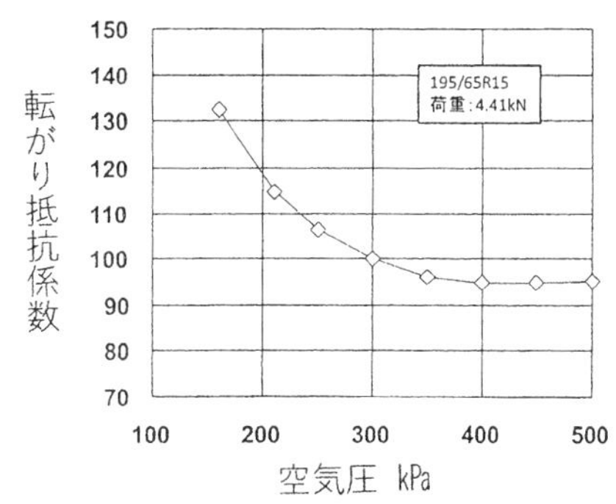

図6-16　転がり抵抗係数と空気圧の関係[17]

	タイヤ各部の寄与率　%	
空気圧 kg/cm²	1.7	3.15
トレッドゴム	58	94
ベルト部	30	5
サイド部	10	−
ビード部	1	−
その他	1	1

表6-4　転がり抵抗に及ぼす各部の寄与率と空気圧[15]

空気圧の上昇に伴ってタイヤの変形が小さくなることから、ヒステリシスロスがトレッドゴムに集中するわけですが、このとき、高い空気圧を保持するために、トレッドの周方向に高剛性のベルトを追加することが必要であると指摘されています[17]。

コラム

ゴムの粘弾性

ゴムは固体の「弾む」という性質と液体の「自由に形を変えることができる」という性質を合わせもつので、ゴムの物理的な性質は“粘弾性”と呼ばれています[18)]。この粘弾性を固体の性質である弾性と液体の性質である粘性とに分けて考えると、固体の弾性は弾性率(応力とひずみとの比)で表されますので、ゴムにひずみを与えたときの応力は〔応力＝弾性率×ひずみ量〕となります。

一方、粘性は粘性率(流体の境界面の面積と面に垂直方向の速度勾配：粘っこさ)で表され、ひずみを与えたときの応力は〔応力＝粘性率×ひずみ速度〕となります。この粘性によって、ゴムに力を加えるときにその速度が速いとゴムは硬く、ゆっくり力がかかると柔らかく反応します。例えばクルマが走っているケースで考えると、スピードが遅いときにはトレッド表面のゴムが路面に柔らかく接しますが、スピードが速くなると硬くなり、硬いゴムで路面を叩くことになるわけです。

人の歩く速さは4 km/h程度と言われていますが、道を歩いているとき、後ろから音もなく近づいてきたクルマに気付いてビックリした経験はありませんか。一般にタイヤの騒音は速度が10km/h以上になると少しずつ大きくなり、30km/hを超えるとトレッドゴムが硬くなって急に大きくなると言われています。ヨーロッパではほとんど全ての国で住宅地の生活道路の最高速度は30km/hに制限され、守られています。

第7章
タイヤと路面の摩擦

本章ではタイヤと路面の間の摩擦がどのように生じるのかを確かめた上で、これを転がり摩擦・静摩擦・動摩擦（すべり摩擦）に分けて考察を進め、関連して以下の項目について述べています。

・水で覆われた路面でのハイドロプレーニング現象
・濡れた路面におけるタイヤのグリップ
・タイヤの摩耗限度表示（スリップサイン）
・タイヤの摩耗に影響を与える要素と要因
・スタッドレスタイヤの特性と氷雪路のすべり摩擦
・タイヤ道路騒音
・様々なアスファルト舗装

1. タイヤの静摩擦と動摩擦

転がり抵抗と静摩擦

転がり抵抗は転がり摩擦とも呼ばれており、第6章で述べたように、引かれたり押されたりして転がっているタイヤの接地面に働く転がりを妨げる力です。その実体はタイヤのたわみによって生じるエネルギーロスがほとんどで、摩擦らしい現象はトレッドが路面に接したり離れたり突起を包み込んだりするときのミクロな滑りだけでした。例えば、乗用車で最も多い、前輪を駆動するFWD(Front Wheel Drive)車が一定の速度で走っている状態で考えると、後輪のタイヤに発生しているのがこの転がり摩擦です。

一方、前輪には転がり抵抗と空気抵抗に逆らってクルマを前に進めるエンジンからの駆動力が働いており、この力によってトレッドゴムと路面の接触部(凝着部(ぎょうちゃくぶ))を後ろ方向にせん断する力が発生しています。ミクロに見ると、接触部でトレッドゴム表面の分子と路面の分子とがつながったり切れたりし、ゴムの分子が伸びたり縮んだりして発生するエネルギーロスが“凝着力”で[1)]、この力に逆らうエネルギーが摩擦力となってクルマを前に進めているわけです。

このときトレッドの路面との接触面に生じている摩擦を“凝着摩擦”と呼び、これにタイヤの変形によって生じている“ヒステリシス摩擦”を加えたものを“静摩擦”としています。凝着力は〔接触面積×ゴムの強度〕で、トレッドと路面との接触面積が広く、ずれが起きにくいほど大きいことから、路面との親和性のよい、柔らかくて強いトレッドゴムほど大きな静摩擦力が得られます。

静摩擦と動摩擦

トレッド表面にかかる駆動力が大きくなると、包み込んでいる路面の無数の突起を後ろに押すことによって生じるゴムの変形と、接触面におけるミクロな滑りも同時に大きくなり、ある限界を超えるとタイヤが空回りを始めます。静摩擦力はこのスピンが始まる直前が最も大きいことから、この最大静摩擦力を荷重で割った数値を“静摩擦係数”としています。また、接地面が滑っている状態で生じている摩擦が“動摩擦”(すべり摩擦)です。

ブレーキを踏んだときには、トレッド表面に駆動力とは逆向きの摩擦力(制動力）が働き、路面に対する滑りが微小であれば静摩擦力、タイヤがロックして滑っている状態では動摩擦力が発生しています。

この動摩擦力が生じているとき、タイヤには全体の変形によって生じるヒステリシス摩擦に加えて、トレッド表面のゴムが路面の凹凸によって変形を繰り返しながら滑ることによるヒステリシス摩擦が発生し、凝着摩擦も生じています。乾燥した路面ではヒステリシス摩擦よりも凝着摩擦の働きが大きいことから、例えばレース用のタイヤには、他の特性とのバランスを考慮した上ですが、できるだけ大きな凝着摩擦力を生じるトレッドゴムが使用されています。

乾燥路面で動摩擦が生じるのは、急激な加速、減速、コーナリングを繰り返すスポーツ走行を行うときで、日常的な走りでは、急ブレーキをかけたときのABS作動時など、特殊なケースに限られています。しかし、濡れた路面や氷雪路では、常にタイヤがすべって動摩擦が発生する可能性があり、慎重な走りが求められます。そうした意味で、動摩擦は一般に“すべり摩擦”と呼ばれています。

また、英語でタイヤ／路面間の摩擦力を言うのに、路面をつかむという意味で“グリップ”という言葉が使われており、そのまま日本語になって、静摩擦係数の大きい状態を「グリップがよい」、滑っている状態を「グリップを失った」などと表現します。

以上の乾燥路面における転がり、静、動の各摩擦に対するヒステリシス摩擦と凝着摩擦の影響度合をまとめると、表7-1のようになります。なお、◎は影響大、○は影響あり、△は影響小を意味しています。

摩擦区分	転がり摩擦	静摩擦	動摩擦
通　称	転がり抵抗	グリップ	すべり摩擦
タイヤの状態	自由転動	駆動・制動	スピン・ロック
ヒステリシス摩擦	◎	○	△
凝着摩擦	△	○	◎

表7-1　摩擦形態に対するヒステリシス摩擦と凝着摩擦の影響度

2. タイヤのすべり摩擦

静摩擦係数とすべり摩擦係数

すべり摩擦は、接地面のゴムが路面の凹凸に応じて小さな変形を繰り返しながら滑っていくことによるヒステリシス摩擦と、トレッドゴムと舗装材の分子間に働く凝着摩擦とを合わせたものですが、両者の働き具合は路面によって異なります。乾いた路面の場合、ゴムと路面が直接触れ合っているのでその影響が大きく、ヒステリシス摩擦も生じてはいますが、凝着摩擦がすべり摩擦の大部分を占めます。一方、濡れた路面では水膜によって接触面積が小さくなることから、その厚さ(水深)と路面の状態(凹凸の大きさと粗さ)によって程度は異なるものの凝着摩擦が小さくなり、ヒステリシス摩擦の大きいトレッドゴムのタイヤがすべり摩擦も大きいということになります[2)]。

この路面のすべりやすさを表すのに"すべり摩擦係数"が使われます。すべり摩擦係数は「路面とタイヤの間のすべり摩擦力を荷重で割ったもの」と定義されており、路面とタイヤの状態(トレッドのゴム質、パターンの形状、溝深さなど)、車速、環境温度などによって決まります。

なお、タイヤの静摩擦力が接地面に滑りが始まる直前で最も大きいことから、最大静摩擦力を荷重で割った数値を"静摩擦係数"と呼んでいます。滑りが始まる直前の摩擦係数が"静摩擦係数"、滑りが始まった直後の摩擦係数が"すべり摩擦係数"で、紛らわしいですが、ともに路面の滑りやすさを表しています。

表7-2は、各種路面状態におけるタイヤの静摩擦係数を示したものです[3)]。

この表から次のことが分かります。

①路面状態を問わず、速度が高くなるにつれて静摩擦係数は小さくなる

②摩耗したタイヤはゴム厚が薄くなり、接地面積が増えて凝着摩擦力が大きくなることから、乾燥した路面では新品タイヤよりも静摩擦係数が大きい

③濡れた路面では水膜の厚さが厚くなるほど静摩擦係数は小さくなるが、摩耗品は90km/h以上でその低下が著しい

すべり摩擦係数の測定

すべり摩擦係数の測定は20世紀半ばから行われており、様々な方法が開発さ

車速(km/h)	タイヤ	水深(mm)			
		乾燥	約0.2	約1	約2
50	新品	0.85	0.65	0.55	0.5
	摩耗品	1	0.5	0.4	0.25
90	新品	0.8	0.6	0.3	0.05
	摩耗品	0.95	0.2	0.1	0.05
130	新品	0.75	0.55	0.2	0
	摩耗品	0.9	0.2	0.1	0

＊路面は良好な状態のコンクリート及びタールマカダム舗装路
＊摩耗品はトレッド溝深さ1.6mm（スリップサイン）以下の状態

表7-2 各種路面状態における静摩擦係数[3)]

れてきていますが、国内では大型バスの床下に測定機器を取り付けた“すべり測定車”[4)]によって行われるケースが多いようです。

一定の速さで転がっているタイヤにブレーキをかけると、接地面に進行方向と逆向きのミクロな滑りが生じて摩擦力が発生します。制動力を徐々に大きくしていくと滑りは次第に大きくなり、ある強さに達するとタイヤの回転が止まり、全体が滑り始めます。このときの制動力を荷重で割った数値が“すべり摩擦係数”で、この間の滑りの大きさを“すべり率”（スリップ率）とし、タイヤの回転速度から計算して得られる周速度と車速から

すべり率＝〔（走行速度－タイヤ周速度）／走行速度〕×100％

で表しています。制動力とスリップ率の関係は図7-1の通りです[5)]。

アンチロックブレーキシステム（ABS）

この現象を利用して、センサーで常時タイヤの回転を感知し、ブレーキペダルが踏まれたときタイヤが回っていればブレーキをかけ、ロックしていればブレーキを緩めて、そのときの路面状態で可能なかぎり大きな制動力を得るブレーキシステムがABSです。

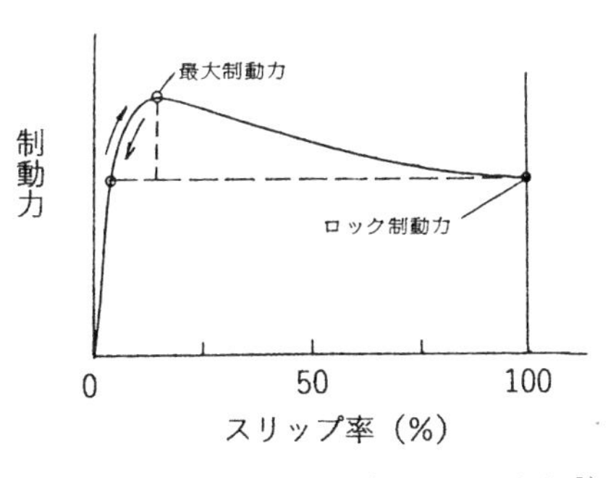

図7-1 制動力のスリップ率による変化[5)]

3. 各種路面のすべり摩擦係数

一般道路のすべり摩擦係数

土木研究センターで行われた一般道路におけるすべり摩擦係数の実測結果が表7-3と図7-2のようにまとめられています[6]。

路面の種類	摩擦係数の範囲	
	乾燥	湿潤
コンクリート舗装	1.0〜0.5	0.9〜0.4
アスファルト舗装	1.0〜0.5	0.9〜0.3
砂　利　道	0.6〜0.4	−
鋼　板　等	0.8〜0.4	0.5〜0.2
積　雪　路　面	−	0.5〜0.2
氷　路　面	−	0.2〜0.1

表 7-3　路面の種類別すべり摩擦係数の範囲[6]

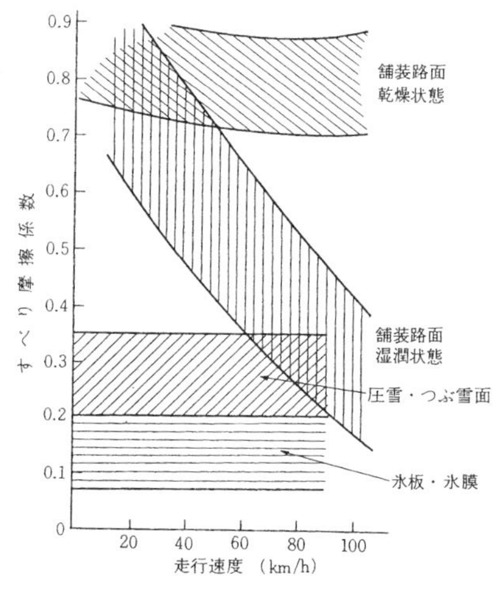

図 7-2　各種路面のすべり摩擦係数[6]

道路構造令のすべり摩擦係数

国内におけるすべり摩擦の測定は、土木研究センターをはじめ多くの道路関係機関によって“路面すべり測定車”を使って行われています。測定車は道路管理のため全国の各建設局に置かれていて若干仕様が異なるものもあり、データの整合性をはかるため、5、6年に一度合同試験が行われています。なお、国の法令である道路構造令では実測値として表7-4のような値が示されており、国や自治体が道路の新設、改築を行う際にはこの数値が適用されています[7]。

湿潤路面：速度60km/h		氷雪路面	
路面種別	すべり摩擦係数	路面種別	すべり摩擦係数
コンクリート	0.47	氷〜氷盤	0.10〜0.20
アスファルト	0.39	普通の雪	0.25〜0.30
平　鋼　板	0.19	←マンホールのふたに注意！[8]	

表 7-4　道路構造令におけるすべり摩擦係数[7]

すべり摩擦係数と交通事故

土木研究センターの、すべり摩擦とすべりにかかわる交通事故との関係についてまとめられた論文[9]に、アメリカのTRB(Transportation Reserch Board)

から、NCHRP(National Cooperative Highway Researh Program) Web-Only Document 108として公開された、欧米を中心にした調査研究事例が紹介されています。その中に、

・速度64km/hで摩擦係数0.4以下になると湿潤時事故率が増加する
・摩擦係数が0.6以上ですべりが関連する事故は少なく、0.5を下回ると急激に増加する
・速度80km/hの縦すべり摩擦係数が0.5～0.3程度から減少すると湿潤時事故は急激に増大する

などがあります。これらの事例と、様々な道路や道路施設におけるすべり摩擦係数の設計水準との関係をまとめ、NCHRPはすべり摩擦係数0.30～0.50の範囲をすべりにかかわる事故の過渡的領域と判断して、0.50以上のすべり摩擦係数であれば、湿潤時のすべり事故が発生する危険性が低く、0.30を下回れば危険性が高いとしています。

レーシングタイヤのすべり摩擦

レーシングタイヤにはサーキットを速く走るための様々な性能特性が求められますが、最も重視されるのがコーナリング時のグリップ＝横力（6章－9参照）＝横方向のすべり摩擦力の大きさです[5)]。この横力はスリップ角による接地面のミクロなすべり摩擦によって生じ、その角度にほぼ比例して大きくなりますが、制動力がスリップ率10％前後で最大になるのと同様に、スリップ角5～10度にピークがあります。ということは、凝着摩擦力は接地面にわずかなすべり摩擦が生じている状態で最大になる性質があるわけです。

実際のコーナリングでは、横力に制動力や駆動力が加わるので、ドライバーはステアリング・ブレーキ・アクセルでクルマの動きをコントロールしつつ、前後輪のわずかな滑りによるグリップを感じ取らなくてはなりません。この滑りによってタイヤは摩耗するので、ピットイン直後のトレッド表面を観察し、滑らかであれば直前のコーナリングがスムーズであったことが、削ったように粗く摩耗していればクルマのセッティングかドライバーの走り方、あるいはタイヤが不適切であったことが分かります。

4. ハイドロプレーニング現象

ハイドロプレーニングの発見

水に覆われた道路を高速で走行したとき、水の抵抗によってタイヤが路面から浮き上がる現象は“ハイドロプレーニング”(またはアクアプレーニング)と呼ばれ、広く知られています。この現象が最初に発見されたのは1960年頃のアメリカで、水の溜まった滑走路での航空機のオーバーラン事故がきっかけでした。タイヤのグリップの問題としてNASA(アメリカ航空宇宙局)が原因究明に取り組み、多くの実験が行われた結果、ハイドロプレーニングの発生速度(V)を予測する実験式として、断面の丸いバイアスタイヤで、水膜が10mm以上と充分に厚い場合、$V \geq 63\sqrt{P}$ km/h(Pは空気圧kgf/㎠)が示されています[10)]。内圧を高くすることによってハイドロプレーニングの発生速度を高めることができるということで、東名高速道路が開通した1970(昭和45)年前後から、高速道路を走るときにタイヤの空気圧を１割アップすることが推奨され、タイヤメーカーほか関係機関によってその徹底が図られました。その後、ラジアルタイヤの普及が進んだこともあって、メーカーの指定空気圧がこのことにも配慮した数値に定められるようになり、今日に至っています。

ハイドロプレーニングの実際

ハイドロプレーニング現象は、一般に、図7-3のようにタイヤの接地面の下にくさびの形の水膜が入る現象として理解されており、その状態を３つのゾーンに分けてそれぞれの領域における水の動きを解析し、対策を講じる研究が進められています[5)]。しかし、実際の路面にはさまざまな凹凸があり、第６章の転がりの実験で確かめたように、トレッドは路面にほぼ垂

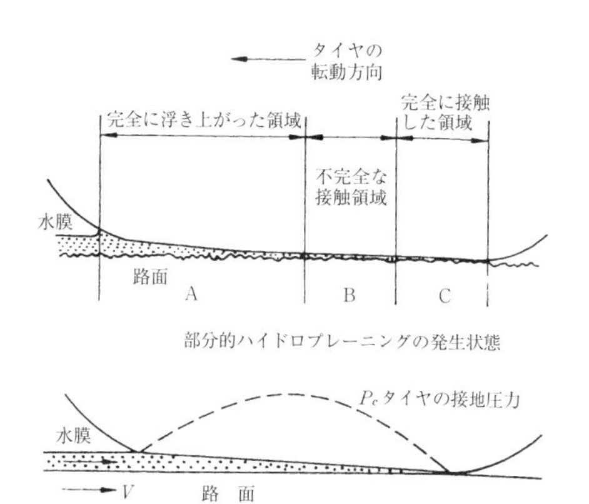

図 7-3　ハイドロプレーニングが発生する直前の状態[5)]

直に上から接し、真上に離れていくので、起こっている現象は極めて複雑です。

転がっているタイヤのトレッド表面上の1点が路面と接している時間はどのくらいでしょうか。小型乗用車の前輪の接地長さは13～18cm程度なので15cmとし、60km/hで走っている状態で計算すると、クルマは1秒間に1667cm進むので、15cm進むには0.009秒、ほぼ100分の1秒というわずかな時間です。30km/hでは倍の100分の2秒、120km/hでは半分の1000分の5秒、240km/hではさらに半分の1000分の2.5秒ときわめて短い時間で、路面に接するというより飛び跳ねている感じです。この一瞬の間にトレッドは路面を踏んで水を前と左右に押し出すわけですが、水を排除しきれないうちに路面から離れてしまったときに発生するのがハイドロプレーニングとも言えます。

影響を与える要素としては、①車速、②水深、③トレッド幅・パターン形状・溝の深さなどがありますが、いずれにせよ、いかに迅速に水膜を除くかがハイドロプレーニングの発生を防ぐ決め手です。

写真で見るハイドロプレーニング

1968(昭和43)年、ダンロップ社から、路面に埋め込まれたガラス板を通してすり減った(bald)タイヤのハイドロプレーニング発生状況を写した写真が公表されました[11)]。写真から水が前と横に押し出されている様子と、速度が上がるとともに接地面積が小さくなり60 mph(96km/h)でハイドロプレーニングが発生している様子が分かります。

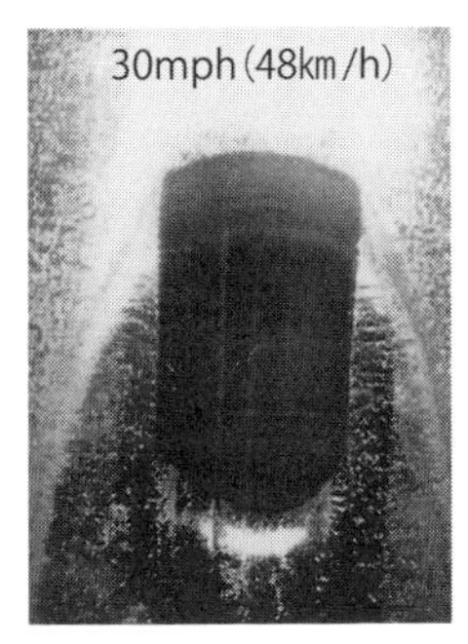

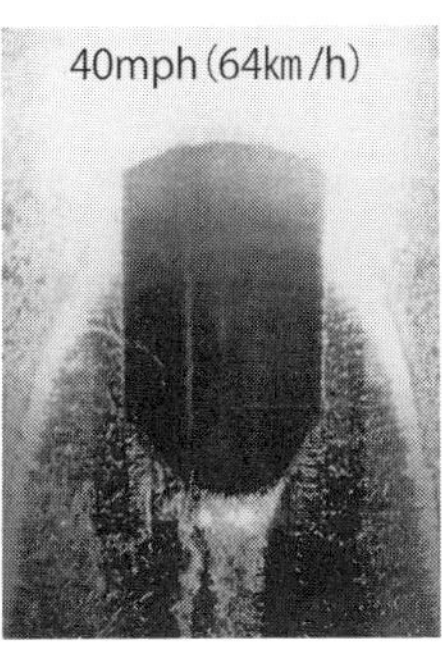

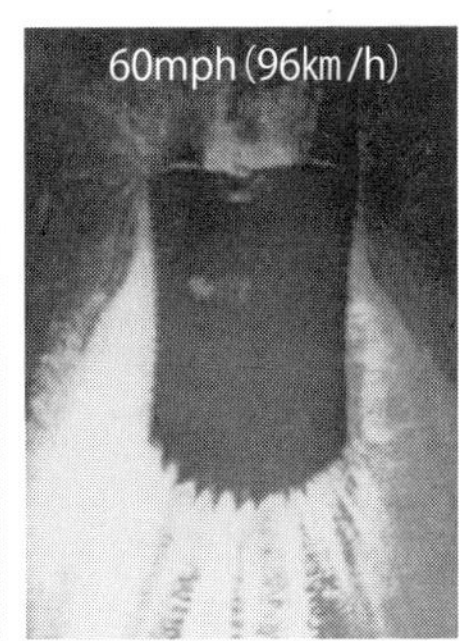

図7-4　摩耗したタイヤのハイドロプレーニング発生状況[11)]

5. 濡れた路面でのグリップ

ハイドロプレーニングによるスリップ事故

1966(昭和41)年７月、のちに日本で初めてとされたハイドロプレーニングによる事故が、開通してちょうど１年後の名神高速道路で発生しました。８名の乗った定員42名の大型バスが長い下り坂を95～96km/hで走行中、切り通しを出たところで突然横風を受けて左方向へ横滑りを起こし、ドライバーはハンドル操作によって進路を立て直そうとしましたが果たせず、約250mの間蛇行して中央分離帯に乗り上げて横転、死傷事故となったものです[12]。

事故はドライバーの過失によるものとして起訴され、第二審で当時日本自動車研究所でタイヤの研究に従事していた酒井秀男氏が鑑定人となって実験と詳細な検討が行われました。そして、同氏によって、溝の深さが最も深いところで４mm、浅いところで１mm程度に摩耗した後輪タイヤが、３～８mmと推定される水膜に乗ってハイドロプレーニング発生直前の状態にあったと推定される旨の証言が行われ、諸々の状況が勘案されて無罪の判決となりました。

この事故によって、当時ごく限られた人にしか知られていなかったハイドロプレーニング現象が広く世に認知されると同時に、すり減ったタイヤで濡れた路面を走ることがいかに危険かが知られるようになりました。

ハイドロプレーニングの発生速度

実際の路上におけるハイドロプレーニングについては、その計測が難しいことからか見当たりませんが、テストコースのコンクリート舗装路上ですべり摩擦係数を測定し、発生速度を推定した文献があります[6]。実験は165/80R13ラジアルタイヤで行われ、新品、60％摩耗品、80％摩耗品の３種類、水膜の厚さ５mm、10mm、20mm、30mmの４水準、走行速度60km/h、80km/h、100km/hですべり摩擦係数が測定されています。そして、すべり摩擦係数がゼロに近いときハイドロプレーニング現象が起きるとすれば、水膜の厚さに関係なく摩耗タイヤでは80km/hで、新品タイヤでも100km/h付近でハイドロプレーニングを発生する可能性があるという結果が得られています。

濡れた路面でのコントロール

当初、ハイドロプレーニングは航空機タイヤや後輪駆動車の前輪など、駆動力や制動力が働かず自由に回転しているタイヤが、高速走行中に路面の水に浮く現象を表す言葉でした。7章－4に掲載した写真も後輪駆動のスポーツカーの右前タイヤの接地面を写したものです。しかし、いつの頃からか、水のあふれた道路や水たまりを走行中にタイヤがグリップを失う現象は全てハイドロプレーニングと呼ばれるようになっています。

現在の乗用車は前輪駆動車がほとんどで、濡れた路面を高速で走行する場合、前輪にはトラクションがかかっています。このため、水に浮かないまでもトレッドと路面の接触があいまいになり、駆動力を路面に伝えるのに必要な摩擦力が得られないとタイヤは空転し、グリップを失います。

水たまりになりやすい轍（わだち）の多くは大型車によってつくられますので幅が広く、乗用車は片側のタイヤだけを轍の水たまりに入れて走ることがありがちです。雪道では、しばしば左右のタイヤが状態の異なった路上を走ります。このようにタイヤが乗っている路面の摩擦係数が左右で異なる状態で走っていて、例えば左側のタイヤがグリップを失うと、右側のタイヤはそのまま前に進むのでクルマは左方向に向かいます。ブレーキをかけると右側のタイヤは止まろうとするので、クルマは逆に右に向かい、状況によっては後輪もグリップを失ってスピンすることもあります。雨の日に事故を起こしたドライバーの多くは、突然、片方の車輪が空転したりハンドルが軽くなり、驚いて急ブレーキを踏むなどしてクルマのコントロールを失うと言われています[13]。濡れた路面ではスピードを控えめに、しっかりと路面の状態を見て走ることが肝要です。

6. タイヤの摩耗限度表示

溝深さと制動距離

摩耗したタイヤの濡れた路面における静摩擦係数は、7章－2で述べたように、クルマのスピードが速くなるにつれて急激に低下します。当然のことですがクルマの制動距離はタイヤの溝深さの減少とともに長くなります。表7-5は100km/hからブレーキを作動させたときの、軽い前輪駆動乗用車と重い後輪駆動乗用車でタイヤの溝深さと制動距離の関係を調べてまとめたものです[3]。

車両		軽い前輪駆動乗用車					重い後輪駆動乗用車（ABS付）			
溝深さ	(mm)	8	4	3	2	1	8	3	1.6	1
制動停止距離	(m)	76	99	110	129	166	59	63	80	97
	(%)	100	130	145	170	218	100	107	135	165
摩耗1mm当たりの制動停止距離の伸び率	(%)	7	15	25	48		1.4	20	50	

表7-5　タイヤの溝深さと制動停止距離について（100km/hからブレーキを作動させたとき）[3]

表から、いずれのクルマでも溝深さ3mm以下で、制動距離が大幅に長くなっていることが分かります。

スリップサインの表示

“スリップサイン”はトレッドの溝底に設けられた1.6mmの盛り上がり部分を言い、残り溝深さが使用できる限界に達していることを表す目印として全ての乗用車用タイヤに付けられています。

英語では“トレッドウェアインジケーター”(Tread Wear Indicator)と呼ばれ、1968(昭和43)年1月1日以降、アメリカ国内で使用されるタイヤにその表示が義務付けられました。そのきっかけは、アメリカのTRB(Transportation Reseach Board)の事故調査で、タイヤの残り溝深さが2/32インチ(1.6mm)以下になると自動車事故が多発することが統計上確認されたことでした。当時アメリカへ乗用車用タイヤを輸出していた国内のタイヤメーカーはこの情報を得、1967年10月以降生産するタイヤにトレッドウェアインジケーターを設けることを発表しました[14]。そして、JATMA(日本自動車タイヤ協会)の自主基準として自動車用タイヤ安全基準を制定し、1973(昭和48)年以降、全ての乗用車用タイヤにトレッドウェアインジケーターを設けています。

JATMAでは、当時タイヤ市場の主流はバイアスタイヤだったことから6.95－14サイズのタイヤで溝深さと制動距離の関係を調べ、アスファルトの湿潤路面で溝深さ2mm前後、60km/h以上の速度での制動距離が急増することを確認しています。後に1800ccの乗用車、荷重425kg、空気圧170kPa(1.7kgf/㎠)の条件で、165SR13ラジアルタイヤについて図7-5のように溝深さと制動距離の関係を公表し、80km/h以上の速度では溝深さ2mm前後から制動距離が急増し、危険であることを警告しています[15)]。

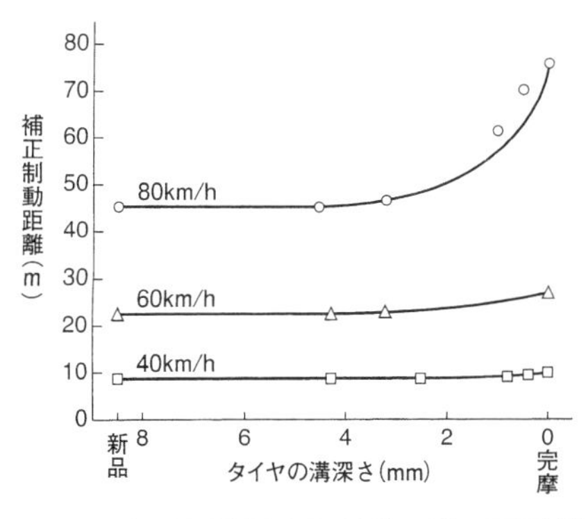

図7-5　タイヤ溝深さと制動距離の関係[15)]

その後、1975(昭和50)年にJATMAはトレッドウェアインジケーターの名称をわかりやすくスリップサインに統一、1983(昭和58)年に道路運送車両法の保安基準に1.6mmがタイヤの使用限度に規定され、これより溝の浅くなったタイヤは整備不良として使用が禁止されています。

スリップサインはレッドカード

ではタイヤは残溝何mmまで使えるのでしょうか。JAFで、同じサイズの新品タイヤ(溝の深さ7.6mm)、5分山タイヤ(平均4.7mm)、2分山タイヤ(平均3.1mm)について、濡れた路面で100km/hからの急ブレーキテストを行い、制動距離を比較したところ、新品タイヤと5分山タイヤは大差がなかったものの、2分山タイヤでは1.7倍も制動距離が伸びたということです[16)]。

以上に述べた濡れた路面での制動距離から考えますと、スリップサインの出たタイヤはサッカーで言えばレッドカードで即退場、タイヤ業界で言われている残溝3～4mmの5分山タイヤが警告のイエローカードで、タイヤを新品に替える時期ではないでしょうか。

7. トレッドゴムの摩耗

凝着摩耗とアブレシブ摩耗

乾いた舗装路を走るタイヤの摩耗には、転がり摩擦や静摩擦などのミクロなすべりによって生じるゆるやかな摩耗(凝着摩耗：adhesive wear)と、すべり摩擦に伴うきびしい摩耗(アブレシブ摩耗：abrasive wear)とがあります[17]。

乗用車でタイヤを取り換えるまでの平均的な走行距離はタイヤの種類や使われ方によって異なりますが、高性能タイヤで２万～６万km、一般タイヤで６万～10万km程度と言われています[18]。高性能タイヤの寿命が短いのは、トレッドゴムがグリップ最優先でつくられていて、その分耐摩耗性が犠牲になっていることと、タイヤが装着されているクルマのパフォーマンスを生かす走りに伴う急加速や、ハードなブレーキング、コーナリング時のすべり摩擦によってアブレシブ摩耗が生じることがあるためと考えられます。

トレッドゴムの摩耗は路面との間のすべりによって発生するわけですが、路面の状態は無数にあり、すべり方も様々なので、そのメカニズムはきわめて複雑です。私たちは日常的に転がり摩擦と静摩擦でクルマを走らせているので、ここでは凝着摩擦によるゆるやかな摩耗、凝着摩耗について考えたいと思います。

凝着摩耗のメカニズム

凝着摩擦は７章－１で述べたように、トレッドゴムの分子と路面の分子が付いたり離れたりすることによってゴム分子が伸び縮みする現象なので、転がり摩擦や静摩擦の場合、接触面におけるすべりは極めて小さく、“すべる”というよりは“ずれる”という感じです。このミクロなずれによって摩耗が生じるわけですが、そのメカニズムはどのようになっているのでしょうか。

①引かれたり押されたりして転がっているタイヤの摩耗

なめらかな舗装路を一定の速さで走っている前輪駆動車の後輪タイヤが、これに相当します。ラジアルタイヤはトレッド面、ベルトともに丸みを帯びているので、接地して平らになったとき、荷重によってトレッド幅がトレッドの厚さにほぼ比例して収縮し、すべりを生じて摩耗します[5]。しかしその量は、次に述べる接地面にせん断力が働く場合に比べるときわめて小さく、ほとんどゼロに近いと考えられます。なお、タイヤが新品のとき速く摩耗し、摩耗が進むにつれて遅くなるのはトレッドゴムが厚いほどすべりが大きいためです。

②駆動・制動力が働いたときの摩耗

トラクションがかかった状態で転がっているタイヤのトレッドは、7章－1で述べたように、路面に踏み込んで負荷を受け、駆動力で路面を蹴って離れていきますが、この離れる瞬間に微小なすべりを生じて摩耗が発生します。ブレーキをかけた場合は逆に踏み込んだときのミクロなすべりによって摩耗するわけで、このようなスリップ比の小さい凝着摩擦で摩耗に消費されるエネルギーは駆動・制動力の2乗に比例して大きくなります[5]。とくに上り下りの坂が続き、加速、減速の繰り返しとなる山道は燃費のことも考えて慎重に走りたいものです。

③コーナリング時の摩耗

カーブを曲がるときの接地面には、6章－1のスリップ角とコーナリングフォースの項で述べたように、タイヤの向きと進む方向が異なることから微小な横滑りが生じ、摩耗が発生します。その量はコーナリングフォースの2乗に比例して大きくなるので[5]、カーブの多い道を速く走ると急激に摩耗が進みます。安全のことも考えて、カーブではスピードを落としましょう。

タイヤの摩耗に影響を与える要因

タイヤの摩耗は以上に述べた走行条件のほかに、路面の凹凸や温度などの環境条件や、クルマやタイヤの状態によって大きく変化し、その要因を要素別にまとめると表7-6のようになります[19]。

要素	要因
タイヤ	トレッドゴム・パターン・形状・構造・空気圧・温度
クルマ	前後荷重・駆動方式・サスペンション形式・アライメント
道路	路面の粗さ・カーブの大きさ・路面の傾き
走行条件	加速度・減速度・コーナリング速度
環境	気温・路面温度

表7-6　タイヤの摩耗に影響を及ぼす要素と要因

8. スタッドレスタイヤの特性

夏用タイヤと冬用タイヤ

積雪路や凍結路を走るときには、都道府県の公安委員会が制定している道路交通法施行細則(または道路交通規則)によって、タイヤに滑り止めの措置を講ずることが義務づけられています。そこでタイヤを2種類に分け、滑り止めの措置を講じてあるタイヤを“冬用タイヤ”(ウインタータイヤ)、そうでないタイヤを“夏用タイヤ”(サマータイヤ)と呼んで区別しています。

2016(平成28)年の市販乗用車タイヤ数は約5100万本ですが、そのうち約1600万本(32%)が冬用タイヤで、首都圏でも年々保有するドライバーが多くなり、3人に1人がスタッドレスタイヤを所有していると言われています。かつては主にウインターレジャー用に使われていた冬用タイヤですが、近年は思わぬ降雪や路面が凍結したときに備えるという意味で購入している人が多いようです。

冬用タイヤには“スタッドレスタイヤ”と“スノータイヤ”があり、スタッドレスタイヤは3章－5に述べた経緯によって、スパイクタイヤに代わって凍結した路面を走るために開発されたタイヤ、スノータイヤは雪の積もった道路を走ることのできるタイヤで、サイドウォールに「SNOW」や「M＋S(Mud and Snow)」などの表示がなされています。

スタッドレスタイヤの働き

雪道の路面は、積もったばかりの新雪、タイヤの跡が残っている圧雪、シャーベット状の雪、橋の上の部分凍結、早朝のブラックアイスバーン、交差点付近のミラーバーンなど様々です。こうした多様な路面に対応するため、スタッドレスタイヤは雪を踏み固めやすい形の溝と、凍結した路面との接地性のよいトレッドゴムとを備えています。これによって、路面が柔らかい積雪路では①圧縮摩擦力と②雪柱せん断力が、凍結路では③表面摩擦力と④掘り起こし摩擦力が主に働きます。

① 圧縮摩擦力(圧縮抵抗)：トレッド面がほぼ垂直に雪面に乗るかたちで接し、溝の中に雪が踏み固められることによって生じる摩擦力です。

② 雪柱せん断力：トレッドの溝の中に固められた雪(雪柱)とその下の雪とをせ

ん断する力が摩擦力となるものです。路上の雪が湿雪など固まりやすい状態にあるとき大きな摩擦力が得られます。
③表面摩擦力：アスファルト舗装路の表面に薄く氷が張り付いた、一見濡れているように見えるブラックアイスバーンや、交差点付近で多くのクルマが停止、発進を繰り返して生じるミラーバーンなどでは、路面とトレッドの間の薄い水膜がスリップの原因となっています。トレッドゴムに気泡や硬い粒などを混入して接地面を粗くし、水膜を切ることによって表面摩擦力を大きくする工夫がなされ、国内のタイヤメーカーのほとんどがこの技術を採用しています。
④掘り起こし摩擦力：トレッドパターンのブロックには細かいサイピング(切り込み)が入れられています。これはブロックを柔らかくして接地性をよくし、サイピングのエッジが路面を引っ掻く効果によって路面との摩擦力を大きくするためのものです。

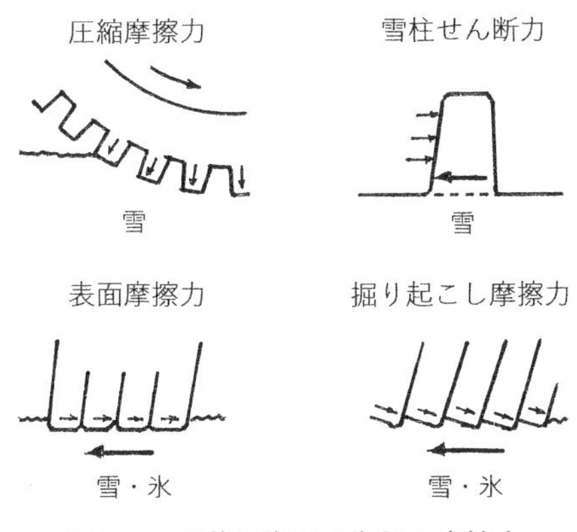

図 7-6　雪道の路面で生じる摩擦力

表面摩擦力と掘り起こし摩擦力は、トレッドパターン、ゴム質、路面状態、環境温度などによって複雑に変化するため、さまざまな使用条件の中で安定した摩擦力が得られるよう研究が進められています。

9. 氷雪路のすべり摩擦

氷雪路面のすべり摩擦係数

圧雪や凍結路面におけるすべり摩擦係数は、一般道路と同じ装置で測定されており、融雪剤を散布した場合も含めて様々な路面における実測値は表7-7のようになっています[6]。氷上のすべり摩擦係数は氷点下の－15℃以下では温度が下がるにつれて大きくなりますが、－5℃以上では0℃に近づくにつれて小さくなります。また、氷の厚さが薄く、路面の突起が部分的に表面に出ている路面のすべり摩擦係数は0.3～0.5と、湿潤路面に近い数値が得られています。

路面の状態	すべり摩擦係数
氷～氷盤	0.1～0.2
新雪、氷に近い圧雪	0.2～0.25
普通の雪	0.25～0.3
粗目雪、融けはじめた雪	0.3～0.4
積雪上に塩化物散布	0.35～0.45
積雪上に砂散布	0.2～0.3
積雪上に砂、塩化物混合散布	0.3～0.5

速度：30～40km/h　平滑な氷または新雪ではすべり摩擦係数が0.1以下になることもある

表7-7　氷雪路面のすべり摩擦係数[6]

氷雪路面における摩擦係数の測定

タイヤの加速性能を定量的に評価する目的で開発された東洋ゴム工業の「トラクションテスター」によって、スタッドレスタイヤの摩擦係数の測定が行われ、次の①～④のような結果が得られています[20]。なお、テスト条件はタイヤサイズ185/70R14、荷重390kg、空気圧200kPaで行われています。

①氷盤路面では路面温度が低くなるほどトラクションμ〔ミュー〕が高くなる

図7-7で、μは駆動力(トラクション)が加わった状態におけるタイヤの摩擦係数、Sはスリップ率〔タイヤの速度(Vt)とテスターの速度(V)の差のテスターの速度に対する比率：(Vt－V)／V×100%〕です。図から分かるように、氷盤路では気温、路面温度が低くなるとトラクションμが高くなりますが、圧雪路では一定の傾向は見られません。

摩擦係数をSAE μ〔Society of Automotive Engineers, inc(アメリカ自動車技術会)が定めた測定方法によって得られた動摩擦係数で、20～300％までのスリップ率における摩擦係数の平均値〕で見ると、圧雪路では路面状態の違いによってμが大きくばらつくことがわかります。

②氷盤路では、トレッドの実接地面積が大きくなるとトラクション性能が向上する傾向がある

③比較的μが高い氷盤路では、トレッドパターンのせん断剛性が高いもの(サイプが少ない)が有利となっている

④氷盤路では、トレッドゴムの硬度を低くするとトラクション性能が向上する

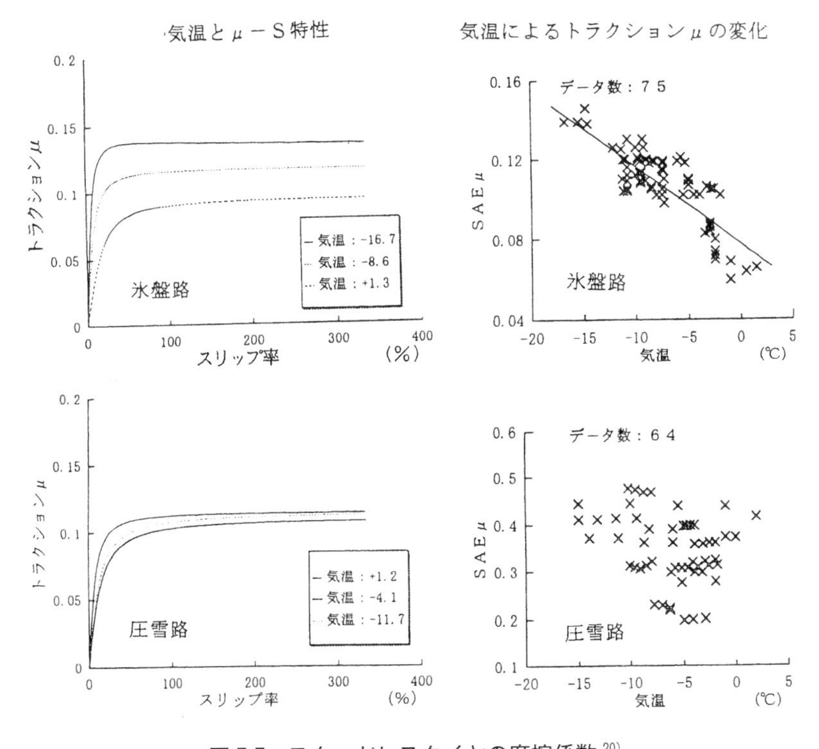

図 7-7　スタッドレスタイヤの摩擦係数[20]

10. スタッドレスタイヤの通年使用

冬用タイヤの使用限度

スタッドレスタイヤは、摩耗が進むにつれて溝の中に踏み固めた雪による雪柱せん断力と、サイピングによるせん断摩擦力が小さくなるので、溝深さが新品の50%になると冬用タイヤとして使用できなくなります。この残り50%を示す目安として、スリップサインと同様トレッドの溝の底に盛り上がった部分を設けており、これを“プラットホーム”と呼んでいます。

このプラットホームの露出したタイヤは、冬用タイヤとしては使用できませんが、スリップサインが出るまでは夏用タイヤとして使うことができます。

舗装路における制動距離

このこともあって、スノーシーズンが終わってもそのままスタッドレスタイヤを使い続ける人がいます。スタッドレスタイヤで舗装路を走ると、夏用タイヤと比較して①トレッドゴムが柔らかいのでクルマの操縦性安定性が劣る、②溝が深いので騒音が大きい、③ヒステリシスロスの大きいゴムを使っているので燃費が劣るなどの弱点があります。こうした弱点は気にしなければそれで済みますが、問題は急ブレーキをかけたときの制動距離です。

図7-8はJATMA(日本自動車タイヤ協会)が行った、スタッドレスタイヤの新品・50%摩耗品と夏用タイヤとの制動距離比較テストの結果を示したものです。これを見ると、湿潤路面では新品・50%摩耗品ともに、60km/h・100km/hのいずれの条件でも15〜20%も制動距離が長くなっています[15)]。乾燥路ではその差は若干小さいですが、ブレーキの効きが悪いことには変わりありません。

JAFで行われた制動距離の比較テストでは、ウエット路面の60km/hでの制動距離はノーマルタイヤと比べて約1.5倍も長かったということです[21)]。また、カーブでのグリップ力を調べるために50km/hで半径20mの円に沿って走ったところ、ウエット路面での性能低下が大きく、カーブを曲がりきれないで走行ラインは大きくふくらむことが確認されています。

一般の舗装路ではスタッドレスタイヤは夏用タイヤに比べてかなり性能が劣るので、このことを心がけた運転が必要です。

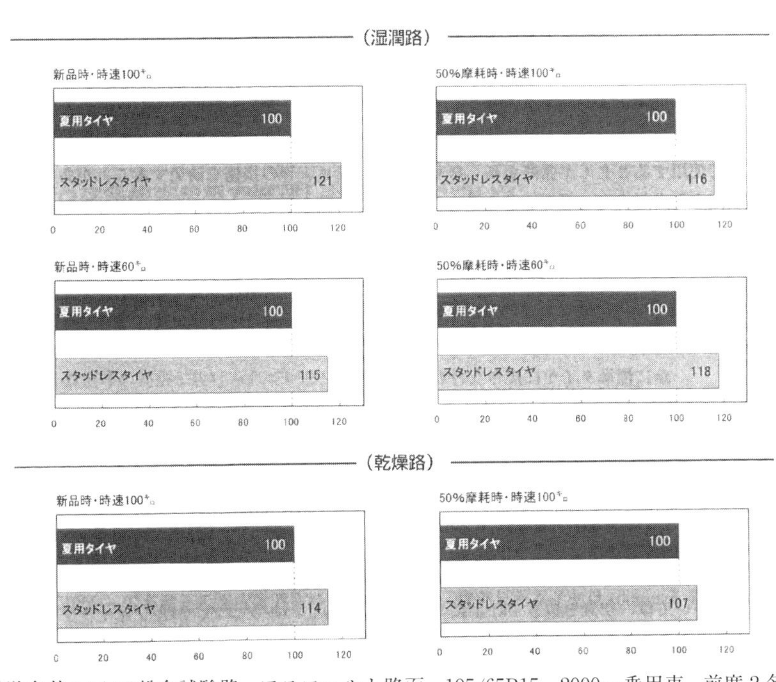

試験条件：JARI総合試験路、アスファルト路面、195/65R15、2000cc乗用車、前席２名乗車、空気圧：湿潤路220kPa、乾燥路200kPa

図7-8　夏用タイヤとスタッドレスタイヤの制動距離指数[15)]

スタッドレスタイヤの保管

スタッドレスタイヤの寿命は使用条件によって異なりますが、一般に３～５シーズンと言われています。ノーマルタイヤに履き替えたあとの保管については次のように行うことをお勧めします。

①カーシャンプーで水洗いをし、水を拭き取って乾燥させる

②ワックスは、含まれている化学物質が保管中にタイヤに浸透し、ゴムの劣化を招くことがあるので使用しない

③空気圧を半分くらいに下げ、直射日光が当たらず風通しのよい場所へ、できればカバーをかけて横積みで保管する

11. タイヤ道路騒音

タイヤの騒音規制

タイヤに関わる環境問題として、省エネルギーの観点から転がり抵抗の低減が注目されていますが、加えて、快適な生活環境を守るためのタイヤ道路騒音の低減がクローズアップされています。

走行中のクルマが発する車外騒音については、規制の始まった1971(昭和46)年以降、度重なる法規制の強化があってエンジンなどに起因する騒音が大幅に低減され、電気自動車の普及もあって相対的にタイヤ騒音の寄与率が高くなってきています。タイヤ騒音規制検討会の資料によりますと、50km/hの定常走行騒音におけるタイヤの寄与度は乗用車で82%以上ということです[22)]。

タイヤ騒音規制検討会は、2012(平成24)年4月に中央環境審議会から、タイヤ騒音の低減対策として国際基準であるECE Regulation No.117 Revision 2(R117-02)を国内に導入することが有効との答申がなされたのを受けて、国土交通省と環境省により設置された学識経験者などからなる組織です。

このタイヤ騒音規制検討会での検討結果をふまえ、2018(平成30)年4月1日以降に製造された新型の乗用車について、クルマを水平な舗装路20mの区間を惰行により50km/hで走らせ、クルマの中心線から左側へ7.5m離れた高さ1.2mの位置のマイクロホンで測定した騒音の最高値が下記の数値以下という規制が行われています。タイヤ幅の呼称185以下：70dB(デシベル：本章末のコラム参照)、195～245：71 dB、255～275：72 dB、285以上：74 dB。市販用タイヤについては規制がありませんが、現在市販されているタイヤのほとんどはこの規制値をクリアしており、さらに騒音を低減すべく研究が続けられています。

タイヤ道路騒音の発生源と寄与度

タイヤのトレッドはほぼ真上から路面に踏み込み、駆動力が働いている場合には路面を蹴って離れていきます。タイヤ道路騒音はこの踏み込みと蹴り出しの瞬間に発生し、そのメカニズムは次のように考えられています[23)]。

①パターン溝共鳴音：トレッドが接地したときに溝の中の空気が共鳴して発生する音で、その周波数は溝の形と寸法によって決まり、音の大きさは速度によ

らずほぼ一定です。

②パターン加振音：トレッドパターンのリブやブロックが路面に接して生じた振動がサイドウォールなどタイヤ・ホイールに伝わって騒音になるもので、トレッド幅が広いほど、スピードが速くなるほど大きくなります。

③接地摩擦振動音：接地面でのミクロな摩擦によって生じる音です。

④蹴り出し時のトレッド振動音：タイヤにトラクションがかかっているとき、蹴り出した瞬間にトレッドの周方向に高周波振動が発生して騒音となるもので、パターンの剛性分布や接地圧分布、ゴム質などによって大きさが決まります。

⑤道路凹凸による加振音：路面が粗いほど騒音は大きくなります。

⑥道路空隙によるエアポンピング音：トレッドが踏み込んだときに発生する音で、舗装面の隙間を大きくし、空気を逃がして騒音を小さくすることが行われています。

JATMAで行われた定常走行時のタイヤ道路騒音に対する各音源の寄与度調査では、図7-9のような結果が得られています。テスト条件は次の通りです。

・クルマ：４ℓエンジンの後輪駆動セダンに定員が乗車

・タイヤ：205/65R15 94H

・道路：密粒度アスファルト舗装路

タイヤ道路騒音発生源の分類

音源	分類
パターン溝共鳴音	A
パターン加振音	B
接地摩擦振動音	C
蹴り出し時のトレッド振動音	
道路凹凸による加振音	
道路空隙によるエアポンピング音	
その他	

タイヤ道路騒音発生源の寄与度

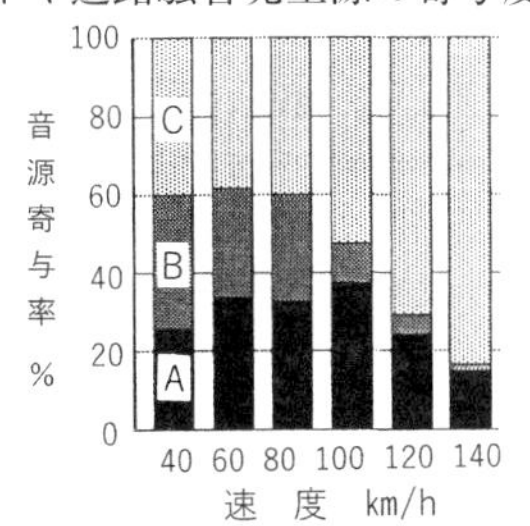

図 7-9　定常走行時のタイヤ道路騒音に対する各音源の寄与度

80km/hまでの日常的な走行速度におけるタイヤ道路騒音は、Aのパターン溝共鳴音とBのパターン加振音の影響が大きく、高速になるほどCの路面の影響が大きくなることが分かります[24)]。

12. 様々なアスファルト舗装

舗装の機能と舗装率

本章で見てきた通り、路面の状態はタイヤの転がり抵抗や静・動摩擦、振動・騒音などに大きな影響を与えます。舗装道路に求められる機能は多岐にわたっていますが、近年注目されている項目に①環境と人にやさしい舗装、②交通安全を確保する舗装、そして③舗装の長寿命化があります[25)]。

舗装道路の建設が本格的に始まったのは、1956(昭和31)年に日本道路公団、1959年に首都高速道路公団が誕生したのがきっかけで、1963(昭和38)年の名神高速道路栗東～尼崎間の開通を契機として、1970年代に高速道路の建設と幹線道路の舗装が急速に進みました[26)]。国土交通省の道路統計によると、2017(平成29)年の道路の舗装率は総延長約122万kmのうち舗装道が約34万km(28%)、簡易舗装道が約66万km(54%)、未舗装道が約22万km(18%)となっています。幹線道路は舗装道、クルマの交通量が少なく、大型車がほとんど走らない市町村道は簡易舗装道というのが一般的で、現在、生活道路はほとんど全て舗装されていると言ってよいと思います。

舗装道は一般に図7-10のような多層構造になっていて、表層の材料によってアスファルト舗装とコンクリート舗装がありますが、今日では9割以上がアスファルト舗装になっています。簡易舗装道は路盤をローラーなどで転圧して固め、その上に厚さ3～4cm程度のアスファルトで舗装した道路です。

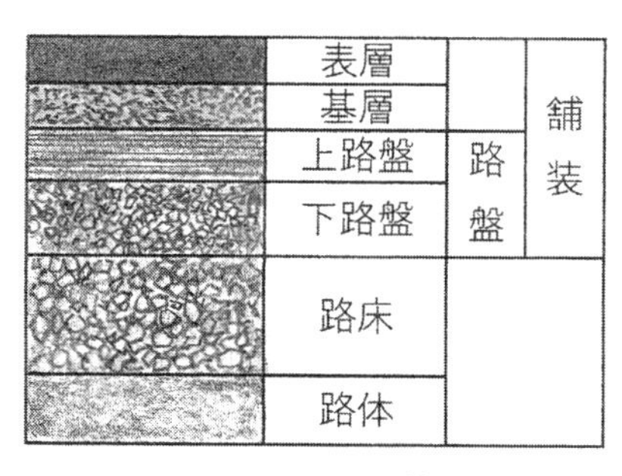

図7-10 アスファルト舗装の構成

アスファルト舗装の種類と特性

アスファルト舗装には表層に用いられるアスファルト混合物によって多くの種類がありますが、タイヤとのかかわりの深い舗装をいくつか紹介します。

①密粒度アスファルト舗装

標準的なアスファルト舗装で、粗骨材(最大粒径20mmまたは13mmの砕石)

55％、細骨材（川砂など）35％、フィラー（微粒子の骨材）とアスファルトをそれぞれ５％程度加えて加熱混合し、表層とした舗装です[27]。

②排水性アスファルト舗装（低騒音舗装）

排水性アスコン（例えば粗骨材80％、細骨材10％、フィラーとアスファルトをそれぞれ５％程度加え、隙間の割合である空隙率（くうげきりつ）を約20％とした舗装材）約40mmを表層とした舗装です[25]。路面の隙間が雨水を吸収することから原理的にハイドロプレーニングの発生がなく、降雨時もブレーキがよく効き、先行車の水しぶきがないので視界が保たれるのが特徴です。夜間には対向車のライトの路面反射光が抑えられ、路面がよく見えるという長所もあります。また、乾燥した路面ではトレッドが路面を叩いたとき空気が隙間に逃げることから、この舗装にするとクルマの車外騒音が小さくなります。

市街地道路で静かな環境を守り、都市間道路で雨天時の走行安全性を高めることを主な目的として開発されたこの舗装は、1988（昭和63）年の試験舗装以来施工が拡がり、2013（平成25）年現在、高速道路の約６割がこれになっています[28]。

③低燃費アスファルト舗装

６章－５の「路面の粗さと転がり抵抗」で述べた通り、タイヤの転がり抵抗は路面のテクスチャやラフネスの影響を強く受けます。そこで、路面をなめらかにしてタイヤの転がり抵抗を低減する低燃費アスファルト舗装の開発が進んでいます。最大寸法５mm、平均約３mmの骨材を用いた小粒径薄層用アスファルト混合物によって路面をネガティブテクスチャ（適度なきめ深さを確保しつつ、骨材を表面にち密かつ平滑に並べた路面構造）とした舗装で、排水性舗装と比較して、例えば速度40～60km/hで転がり抵抗が12～14％低減したという結果が得られています[29]。

④ポリマー改質アスファルト

ゴムなどの高分子材料をフィラーとした舗装材です。ゴムの粒子が路面上に顔を出すことで雪氷剥離効果が生まれ、耐クラック性や耐わだち性が向上するほか、道路騒音も最大で数デシベルも低減できることがあります[30]。

コラム

騒音の大きさを表すデシベル（dB）

自動車騒音の大きさは、人の聴覚の感度を考慮して得られた騒音の音圧（空気の振動である音波が物体に当たったときに生ずる圧力）の大きさで表され、単位はデシベル（dB）です。デシベルは人の耳で聴きとれる最小の音圧を０dBとし、10倍の違いを20 dBの差で表す仕組みになっており、聴いた感じとの関係は下表のようになっています。

騒音の大きさの目安

騒音レベル	聴いた感じ	騒音の例
90デシベル	騒々しい	地下鉄構内
80デシベル	騒がしい	走行中の電車内
70デシベル	普通	大きな声での会話
60デシベル	普通	普通の会話
50デシベル	普通	小さな声での会話
40デシベル	静か	図書館内

“dB”は“m”や“kg”など絶対値を表す単位ではなく、“%”のように倍率を表す相対的な単位であることもあって、私たちが慣れている十進法の感覚とはずれがあります。例えば騒音が６dB高くなったと言えば音の大きさが２倍に、６dB低くなったと言えば音の大きさが半分になったように感じられます。

相対量としてのデシベル（概数）

デシベル値	倍率	デシベル値	倍率
1 dB	1.1倍	－１dB	0.9倍
2 dB	1.25倍	－２dB	0.8倍
3 dB	1.4倍	－３dB	0.7倍
4 dB	1.6倍	－４dB	0.65倍
5 dB	1.8倍	－５dB	0.55倍
6 dB	2.0倍	－６dB	0.5倍
7 dB	2.25倍	－７dB	0.45倍
8 dB	2.5倍	－８dB	0.4倍
9 dB	2.8倍	－９dB	0.35倍
10dB	3.15倍	－10dB	0.3倍
20dB	10倍	－20dB	0.1倍

第8章
低燃費タイヤの特性

前章で、タイヤと路面の間に生じる摩擦力はヒステリシス摩擦力と凝着摩擦力とを加えたもので、濡れた路面での摩擦力はトレッドゴムのヒステリシスロスの効果が大きいことを述べました。転がり抵抗は転がり摩擦でもあり、転がり抵抗が低くヒステリシスロスの小さいトレッドゴムのタイヤは濡れた路面での摩擦力も小さく、ブレーキの効きが悪いということになります。

この問題は、転がり摩擦とすべり摩擦とでヒステリシスロスの生じるゴムの振動周波数が異なることを利用し、転がり抵抗が小さく、濡れた路面での摩擦力も確保したトレッドゴムを開発することによってほぼ解決されました。

この低転がり抵抗とウエットグリップ性能を両立させたタイヤは“低燃費タイヤ”と名付けられ現在に至っていますが、この章ではその開発の経緯を次の各項目で述べています。

・S-SBRのポリマー構造の変性による低燃費タイヤ用ゴムの開発
・カーボンブラックを改良した低燃費タイヤ用ゴム
・シリカ配合低燃費タイヤ
・低燃費タイヤのラベリング制度
・環境・安全を目指す低燃費タイヤ

1. 低燃費タイヤ開発の始まり

石油危機と省エネルギー対策

乗用車の大幅な燃費改善と、そのための低燃費タイヤ開発への取り組みが本格的に始まったのは、第4次中東戦争による石油危機がきっかけでした。

1973(昭和48)年10月、アラブ諸国が対イスラエル戦略として原油の生産と輸出の削減を発表し、価格を大幅に引き上げて、翌1974年1月に公示価格が4倍強にまで高騰しました。アメリカではこの非常事態への対応策として、自動車の燃費向上を目指す法律が次々と制定されます[1)]。

まず1975年12月、「エネルギー政策・保存法(燃費基準法)」が成立してメーカー平均燃費規制値が設定され、その値は年々強化されて、乗用車の場合1985年以後は27.5mpg(マイル／ガロン：約11.7km/ℓ)を達成することが義務づけられました。そして1978年には「ガソリン浪費税法」が制定され、モデルごとに最低限達成すべき燃費値が設定されます。

日本でも省エネルギー促進のため、1976(昭和51)年1月から、乗用車の車両型式認定における10モード燃費が公表されることになり、1979年には「エネルギー使用の合理化に関する法律」、いわゆる「省エネ法」が制定され、乗用車の燃費基準が設定されました。

自動車の燃費に対するタイヤの寄与率は、一定の速度で走行した場合20～25％と言われています[2)]。タイヤメーカーは転がり抵抗低減を最優先技術課題として取り組みを始めました。転がり抵抗の大部分はゴムのヒステリシスロスであり、このロスに影響を与えるタイヤの設計要素としては、「空気入りタイヤの転がり抵抗」の項(6章－6)で述べたように、タイヤの形状、構造、トレッドパターンと材料、とくにゴムの特性が挙げられます。

オイルショックの1973年当時、乗用車用タイヤの主流はバイアスタイヤで、ラジアルタイヤの比率は生産実績で28％でした。しかし、省エネ法が制定された1979年にはこれが60％に達し、そのうち81％がスチールラジアルであったため、低燃費タイヤの開発はもっぱらこのスチールラジアルタイヤの形状・構造の最適化と軽量化、トレッドゴムの物性改良によって進められました。

ラジアル化と軽量化による転がり抵抗低減

ラジアルタイヤは剛性の高いベルトによってトレッドの変形が小さく、接地部分の動きがバイアスタイヤに比較して少ないためヒステリシスによるエネルギーロスが小さく、図8-1のように40～60km/hの実用速度では約30％転がり抵抗が小さくなっています[3]。

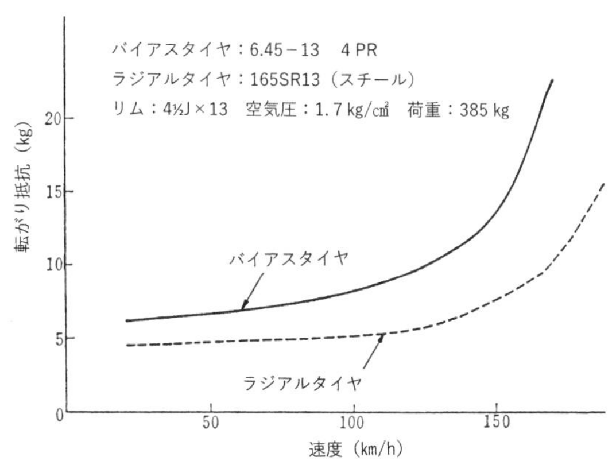

図 8-1　ラジアルとバイアスの転がり抵抗比較[3]

軽量化はタイヤの変形する部分の体積をできるだけ少なく、タイヤをスリムにしてヒステリシスロスを小さくするわけですが、例えばベルトについては、高強力スチールコードを採用してその使用量を減らすと同時に、コード構造を簡素化することによって転がり抵抗を小さくすることなどが行われました[4]。

図8-2は乗用車用タイヤ軽量化の推移を6.45-13バイアスタイヤと、相当サイズの165SR13ラジアルで比較したもので[5]、当初重かったラジアルタイヤの重量が、普及率がほぼ90％に達した1981(昭和56)年にはバイアスタイヤと同等になったことが分かります。

主として軽量化を中心として進められてきた転がり抵抗の低減ですが、次項からは「ガソリン浪費税法」が制定された1978年以降の、ゴムの改良を中心とした新技術の導入と、タイヤ性能の急速な進展について述べます。

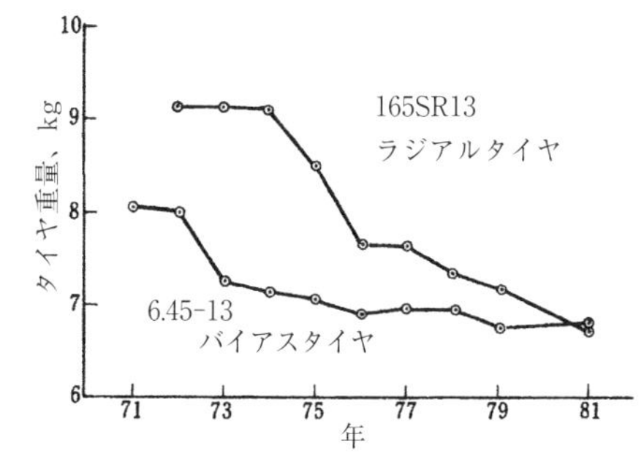

図 8-2　乗用車タイヤの軽量化状況の一例[5]

2. タイヤの構造・形状と転がり抵抗

偏平化による転がり抵抗の低減

タイヤの幅に対する高さの比率を偏平率と言っていますが、これを小さくすると、タイヤの剛性が高くなると同時に、トレッドの幅が広く、接地長さが短くなるので、トレッドの周方向の曲げ変形が抑えられて転がり抵抗が小さくなります。トレッドの幅が広くなると体積が増えることになり、ヒステリシスロスが大きくなると考えられますが、図8-3のように通常使用されている偏平率では変形の減少による効果の方が大きく、偏平率が小さいほど転がり抵抗も小さくなります[6]。タイヤの偏平化はグリップを高め、コーナリングフォースの増加などクルマの運動性能や安全性を高めることから、転がり抵抗の低減効果と相まって低燃費タイヤは偏平タイヤとなっています。

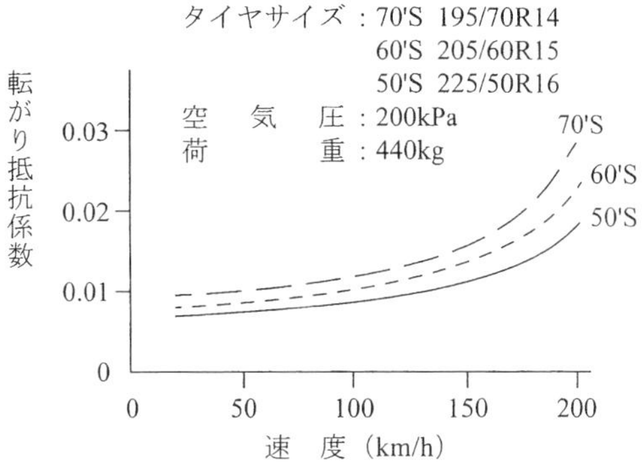

タイヤサイズ：70'S 195/70R14
60'S 205/60R15
50'S 225/50R16
空　気　圧：200kPa
荷　　　重：440kg
転がり抵抗係数
0.03
0.02
0.01
0
70'S
60'S
50'S
0
50
100
150
200
速　度（km/h）

図 8-3　タイヤの偏平率と転がり抵抗[6]

なお、同じタイヤでリム幅を１インチ広げると、偏平率が小さくなる効果によって転がり抵抗が５％程度小さくなるという報告があります[7]。

タイヤ形状の最適化による諸性能の向上

アメリカで低燃費タイヤの開発が本格化していた1977(昭和52)年、グッドイヤー社から転がり抵抗の大幅低減を狙った超偏平の「エリプティック(楕円形の)タイヤ」が発表されました[7]。構造はポリエステルカーカスのスチールラジアルで、タイヤの断面を楕円形状にするため、図8-4のようにリムが特別な形状になっています。空気圧2.5kgf/㎠で通常のラジアル対比30％の転がり抵抗低減が可能ということで、乗り心地を損なうことなく３～６％の燃費改善ができると言われていましたが、リムフランジの形状が特殊だったためか、普及することはありませんでした。

リムの形状・寸法を適正なものに変えてラジアルタイヤの欠点とされる乗り心地を改善し、同時にタイヤの諸性能、とくにタイヤをリムから外れにくくして安全性を高める試みが1970年代後半にヨーロッパで行われました。先陣を切ったのはミシュラン社の「TRX」タイヤ・リムシステムで1975年に発表され、ダンロップのデンロックと呼ばれるビード部の形状に合わせた「TDリム」、コンチネンタルの「CRSリム」などが開発されましたが、実用化には至りませんでした[8]。

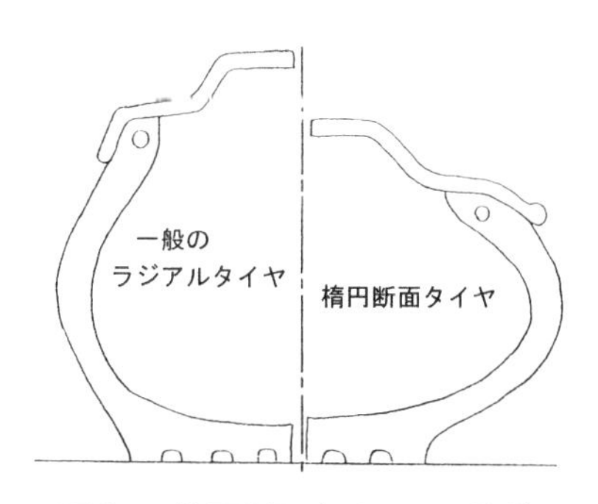

図 8-4 楕円断面タイヤの形状[7]

タイヤの断面形状についての本格的な研究は1920年代に始まって数多くの形状理論が発表され、「形状力学」としてタイヤ工学の一分野を占めるに至ります[9]。具体的には、例えばトレッドの接地から離脱のプロセスを有限要素法によるシミュレーションで解析し、タイヤの形状を最適化することによって転がり抵抗の低減を図ることなどが行われました[10]。

ブリヂストンは1994(平成6)年、GUTTと名付けられたタイヤ形状・構造の最適化と有限要素法を組み合わせた、まったく新しいタイヤの設計法を発表しました[11]。例として図8-5のような成果が報告されています。国内のタイヤメーカー各社も同様にスーパーコンピューターによるシミュレーションによってタイヤ形状・構造の開発を進めています[12]。

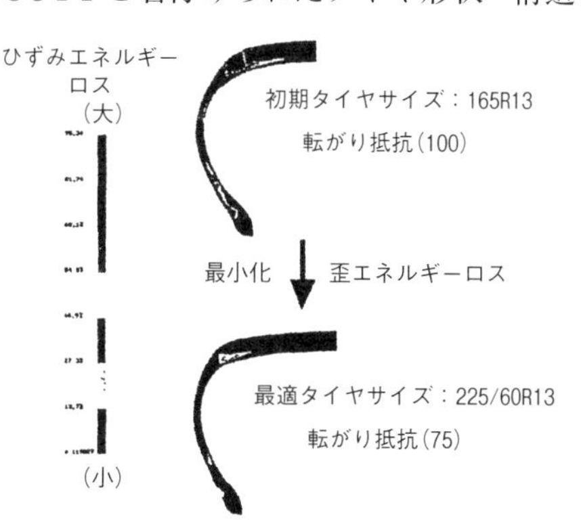

図 8-5 転がり抵抗を最適化するタイヤサイズ[11]

3. 転がり抵抗とウエットグリップ

転がり摩擦とすべり摩擦のヒステリシスロス

タイヤの転がり抵抗に影響を与える設計要素としては、タイヤの形状、構造、トレッドパターンと材料の4つが考えられますが、“変形によるエネルギーロス”という視点から言えば、これまで述べてきたように、最も重要なのはトレッドゴムの特性です。そして“ゴムの変形によるヒステリシスロス”については、転がり抵抗(低燃費性)から言えば、できるだけ小さいことが望ましいのですが、そのためにウエットグリップ(安全性)が犠牲になることは許されません。

この二律背反問題をいかにして解決するのか。その手掛かりは、タイヤが転がっているときと濡れた路面を滑っている状態とで、トレッドゴムの動きがそれぞれどうなっているのか、その違いを観察することにあります。

1)転がり抵抗のヒステリシスロス

転がり抵抗はトレッドのタイヤ1回転ごとに1度の変形によるエネルギーロスの積み重ねです。クルマが走っているとき、トレッドはどの程度の頻度で変形を繰り返しているのでしょうか。例えば軽乗用車用の155/65R14サイズで計算してみると、1回転あたりの走行距離は1.68mなので、30km/hのときクルマは1秒間に8.33m進み、タイヤは4.96回転で、約5回転することになります。

瞬間的な変形ですがこれを振動と考えますと、その周波数は約5Hzということになり、速度が2倍の60 km/hでは10Hz、その倍の120 km/hでは20Hzです。同様にSUV用の225/65R17(1回転あたりの走行距離2.17m)で計算すると、30 km/hで約4Hz、120 km/hでは16Hzとなり、この周波数でトレッドが路面に押し付けられたときのヒステリシスロスが転がり抵抗となるわけです。

2)濡れた路面のすべり摩擦によるヒステリシスロス

一方ウエットグリップはと言えば、路面のミクロな突起に接しているトレッド表面の0.2mmくらいのゴムの層が凹凸の上を滑り、微小な変形が繰り返されることによってヒステリシスロスが生じ、これが摩擦力となります。

表面が滑らかな舗装路で、その“きめ”(ミクロな粗さのピッチ)が1mmと0.01mmの場合についてすべり摩擦の周波数を計算してみましょう。例えば、クルマが60km/hで走行中にブレーキを踏んで56 km /hになった瞬間を考えると、トレッド／路面間の相対すべり速度は60－56＝ 4 km/h、毎秒約 1 mということになります。ゴムの変形周波数はこの相対すべり速度を“きめ” 1 mmと0.01mmで割って得られ、それぞれ1,000Hzと100,000Hzです。

以上の結果をまとめると表8-1のようになります[13)]。

要素	ヒステリシスロス	摩擦	周波数(Hz)
転がり抵抗	トレッドゴムを主とするタイヤのヒステリシスロス	内部	10～100
ウエットグリップ	接地面でのミクロな滑りに伴うヒステリシスロス	表面	1,000～1,000,000

表 8-1　低燃費タイヤのヒステリシスロス概念表

二律背反性の克服

図8-6は 3 種類のゴムの振動周波数とエネルギーロスの関係をトレッドゴムの特性別に示したグラフで[14)]、〔 1 〕がヒステリシスロスの大きいグリップのよい配合ゴム、〔 3 〕は天然ゴムのように弾性が大きくヒステリシスロスの小さいゴム、〔 2 〕が低燃費タイヤ用として望ましい、周波数100Hz以下のロスが小さく高周波数域でのロスの大きい、転がり抵抗が小さくウエットグリップのよいゴムについてのイメージを示したものです。

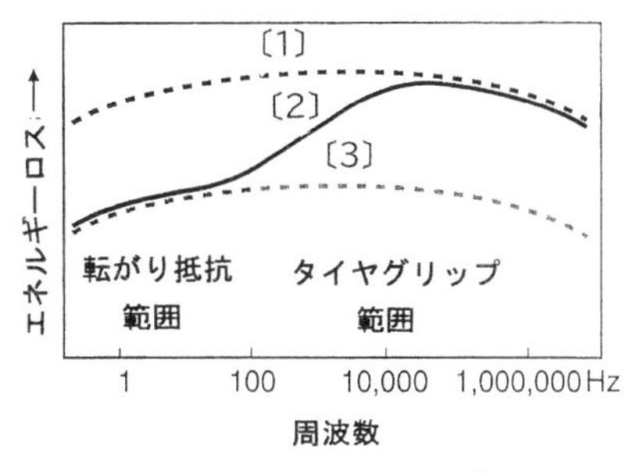

図 8-6　転がり抵抗とグリップの振動周波数依存性 [14)]

図の〔 2 〕のような特性をもつ新しい合成ゴムを開発し、補強剤などの配合を工夫すれば、転がり抵抗が小さく、濡れた路面でのグリップのよいタイヤがつくれる可能性が大きいことは明らかです。1980年代に入り、この手法を活用した低燃費タイヤの開発が急速に進みました。

4. 化学変性S-SBRによる低燃費化

原料ゴムのヒステリシスロスと周波数

原料ゴムには天然ゴム(NR)、ポリイソプレンゴム(IR)、ポリブタジエンゴム(BR)、乳化重合スチレンブタジエンゴム(E-SBR)、溶液重合スチレンブタジエンゴム(S-SBR)の5種類がありますが(5章参照)、合成ゴムのヒステリシスロスと周波数の関係は図8-7のようになっています[15]。

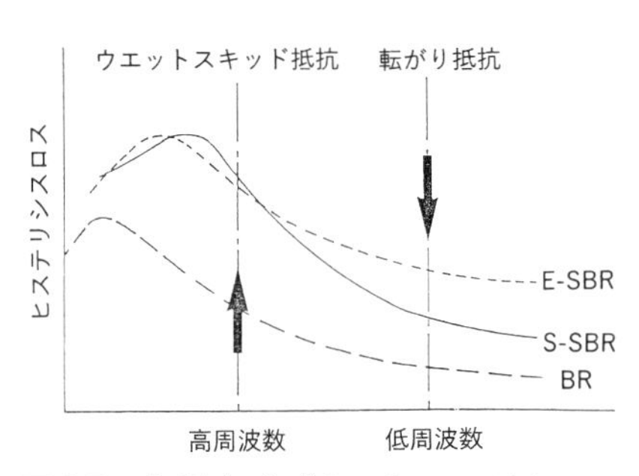

図8-7　各種合成ゴムのヒステリシスロスと周波数の関係[15]

低燃費タイヤ用として見た場合、BR はNRやIRと同様ヒステリシスロスが小さく、転がり抵抗が小さいと同時に濡れた路面での摩擦係数も小さいゴムで、E-SBRは逆にヒステリシスロスが大きく、濡れた路面でのグリップはよいのですが転がり抵抗が大きいゴムです。そしてS-SBRがウエットスキッド(濡れた路面でのすべり)性能を維持しながら転がり抵抗が低いという、低燃費タイヤ用ゴムとして都合のよい性質をもっていることが分かります。

S-SBRの分子変性

S-SBRは溶液重合法によってつくられ(5章－5参照)、①分子量や分子量分布などのマクロ構造、②スチレンとブタジエンの比率や配列などのミクロ構造、③ポリマー末端の化学変性など分子の構造がコントロールできることから、それまでにない物性をもつポリマーをつくれる可能性が大きい合成ゴムです。

このS-SBRを低燃費仕様ポリマーに進化させる試みは1980(昭和55)年前後から始まり、カーボンブラックの改良と相まって転がり抵抗が小さく、高いレベルでウエットグリップ、耐摩耗性とのバランスがとれた低燃費タイヤが開発されて、次々と上市されるようになりました。

S-SBRのポリマー構造とカーボンブラック配合トレッドゴムの物性の関係は旭化成の斉藤章氏によって表8-2のようにまとめられています[16]。

		個々の性能の変化			二律背反改良可能性	
		省燃費性能	グリップ性能	耐摩耗性	省燃費/グリップ	グリップ/摩耗
マクロ構造	高分子量	↗	→	↗	改良	改良
	分子量分布狭	↗	↘	↗	改良	改良
	分岐導入	↘	→	→	なし	なし
ミクロ構造	スチレン量増	↘	↗	↘	なし	やや改良
	ビニル量増	↘	↗	↘	改良	なし
化学変性	末端修飾	↗	→	↗	改良	やや改良
	スズカップリング	↗	→	↗	改良	やや改良

表 8-2　S-SBR ポリマー構造とカーボンブラック配合物のトレッド物性の関連[16)]

1）マクロ構造：ポリマーの分子量を大きくし分布を狭くすると、動きやすい分子末端の数が減り、分子間のミクロな摩擦が少なくなってロスが小さく、耐摩耗性はよくなって、ウエットグリップは同等かやや悪くなります。

2）ミクロ構造：スチレンとブタジエンの割合は自由に、ビニル構造の量は約10～80%の範囲で変えることができます。スチレンはフェニル基、ビニル構造はビニル基という官能基の枝が付いているので（5章－5参照）、それぞれの割合を増やすとミクロな摩擦が大きくなり、ヒステリシスロスは大きく、グリップ性能はよくなり、耐摩耗性はやや低下します。

3）化学変性

① 末端装飾：末端変性とも呼ばれており、ポリマーの末端に反応性の高い官能基を付けてカーボンブラックに結び付け、ポリマーの動きを抑制すると同時にカーボンの分散性をよくしてヒステリシスロスを減らす技術です。1980年代の低燃費タイヤ開発はこの方法を中心に進められました。

② スズカップリング：カップリングはポリマーの末端とカーボン表面のバウンドラバー（5章－6参照）や官能基を化学物質で結び付ける技術で（巻末「参考文献・注記」第5章注14）参照）、スズを含む化合物を使うのがスズカップリングです[15)]。詳しくは次項8章　5で述べます。

5. カーボンブラック配合低燃費タイヤ

ヒステリシスロスは、配合ゴムを伸ばしたり縮めたりしたときのポリマー分子鎖のミクロブラウン運動(５章－１参照)と、ポリマー間、カーボン間、ポリマー／カーボン間の摩擦によって生じます。高周波数域の分子相互間の摩擦を大きくしてウエットグリップ性能を高めながら、低周波数域の摩擦を減らして転がり抵抗を小さくするために様々な工夫がなされました。

ポリマーのブレンドによるコントロール(ポリマー間の摩擦)

天然ゴム(ポリイソプレン)は水素を伴った炭素原子４個の連鎖ごとにメチル基が１個付いたシンプルな分子構造で、分子間摩擦、ひいてはヒステリシスロスが小さく、初期の低燃費タイヤ用ゴムはNRを中心にした配合になっていました。これに対してSBRは先に述べたように(５章－５参照)フェニル基という大きな官能基の付いたスチレンと、ビニル基のあるブタジエンがつながってできており、スチレンやビニル結合ブタジエンを多く含むS-SBRは分子間摩擦が大きく、高いグリップ性能が求められる高性能タイヤやレーシングタイヤのトレッドゴムとして使われています。

S-SBRはスチレンの量とブタジエンのシス・トランス・ビニルそれぞれの量とつながりの順序の組み合わせによって、様々な構造や分子量のポリマーができます。このミクロ・マクロな分子構造の違いによってポリマー間の摩擦が異なり、ひいては前項８章－４に述べたような物性の違いが生じるわけで、S-SBRの構造を最適化し、NR、IRやBRとブレンドしてこの分子間摩擦をコントロールすることが図られました[15)17)]。

カーボンブラックの改良(カーボン間の摩擦)

カーボン量を増やすとゴムがより強くなるので、グリップ性能と耐摩耗性はよくなりますが、カーボン同士の凝集しようという力によって固まると、カーボン間のミクロな摩擦が大きく、ロスも大きくなります。分散をよくすると補強効果を維持しながらロスを小さくすることができるので、そのための様々な方法が検討されました[18)]。

また、カーボンのストラクチャー(５章－６参照)が大きい“長連鎖カーボンブラック”が開発され、連鎖の間により多くのポリマーを取り込んで、少ない量のカーボンで耐摩耗性が維持できるようになりました。この長連鎖カーボンは表面の活性度を制御することによってさらなる進化を遂げています[19]。

ゴムとカーボンブラックの相互作用(ポリマー／カーボン間の摩擦)

SBRの分子鎖はファンデルワールス力(分子間に働く引力)によってカーボンブラックに絡みつき、表面の官能基と化学反応したりなどして結合しているわけですが、双方の間にはきわめて複雑な相互作用が働いています。そのメカニズムの解明が進められる中で、ポリマーの端末にカーボンと反応する官能基を付け、混練り工程でカーボンの周囲をポリマーで覆うことによって分散をよくし、同時にポリマーの動きも抑制して分子間の摩擦を低減する技術が数多く開発されました。具体的な例として次のようなものがあります。

1)スズカップリング：S-SBRの重合終期にその末端をブタジエンにし、四塩化スズでカップリングする技術です。炭素－スズの結び付きは弱い化学結合であるため、混練り工程でカップリングが切れ、その切断部のスズがカーボンブラックと結合してバウンドラバーができ、SBR端末がカーボンブラックに固定される仕組みで、日本合成ゴムとブリヂストンによって共同開発され、1981(昭和56)年に製造が始まりました[15]。

2)末端変性：日本ゼオンでは、S-SBRの端末に変性剤を反応させて“変性ゴム”をつくり、混練り時にカーボンブラック表面の官能基と結合させることによって、上記の効果を得る技術が開発されました。非変性ゴムと比較すると、図8-8のように反発弾性が大きくなる(＝ヒステリシスロスが小さくなる)と同時に、ウエットスキッド抵抗指数が大きくなっています[20]。

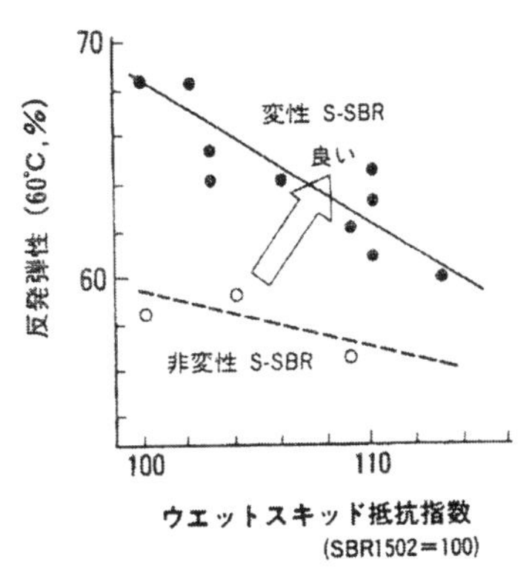

図8-8　S-SBRの末端変性による反発弾性とウエットスキッド抵抗指数の向上[20]

6. シリカ配合低燃費タイヤ

グリーンタイヤの発売

1992(平成4)年、ミシュラン社が、1910年のグッドリッチタイヤ以来補強剤として使われ続けてきたカーボンブラックにシリカを加えて低燃費化した“グリーンタイヤ”を発売し、業界に衝撃を与えました。カーボンブラックの代わりにシリカを用いると、ウエットグリップ性能を損なうことなく転がり抵抗を低減できることは1980年代中頃から知られていましたが、ゴムとシリカは油と水の関係にあってコンパウンドをつくることが難しく、両者をいかにして結び付けるのか、多くの研究者がその課題に取り組んでいる最中のことでした。“グリーンタイヤ”には、このゴムとシリカの結合という難題をシランカップリング剤によって解決した、画期的なトレッドゴムが採用されていました。

カーボンブラック、シリカの量と転がり抵抗、ウエット制動の関係は図8-9のようになっており、とくにシリカの量が増えるとウエットスキッド性能が大きく向上することが分かります[21]。ブリヂストンの小澤洋一氏らの調査によると、シリカの開発特許は1986年から、シリカのタイヤへの適用特許は1993年から急激に増加しているということです[22]。

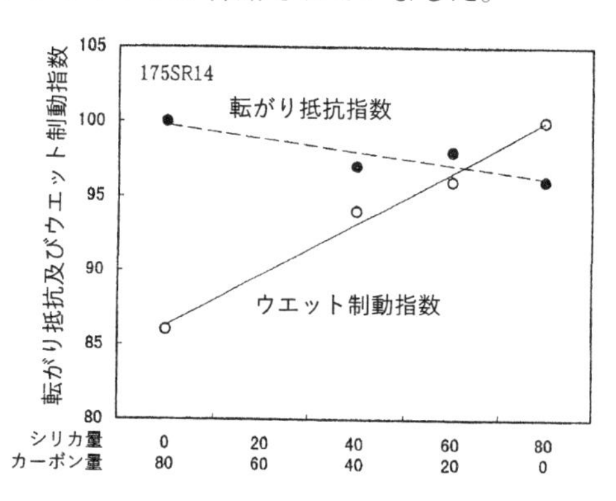

図8-9 カーボンブラック、シリカの量と転がり抵抗、ウエット制動の関係[21]

シランカップリング剤の働き

シランカップリング剤はひとつの分子内に有機官能基と加水分解性(水の作用によって分子が分解する性質)シリル基をもつ薬剤の総称で、有機物(例えばゴム)と混じりにくいフィラー(例えばシリカ)とを結合させ、その密着性を高める働きがあります[23]。この特性を応用してシランカップリング剤はゴム・樹脂材料や塗料、接着剤などに広く利用されていますが、タイヤ用ゴムに適用されたのは“グリーンタイヤ”が初めてでした。

シランカップリング剤には多くの種類がありますので、ここでは、商品名Si69の例でそのメカニズムを見てみましょう[24)]。Si69はシリカ表面のシラノール基(Si-OH：5章－6参照)と反応するアルコキシ基(RO－)と、ポリマーと反応する硫黄からできています。このうちのアルコキシ基は混練り、加硫中に加水分解してシラノール化し、これがシリカのシラノール基と反応してシリカ粒子と結合します。同時にSi69中のテトラスルフィド(4個の硫黄を含む原子団)が近くのポリマーと化学反応によって繋がり、ポリマーとシリカ粒子との結び付きが完成します。

シリカ配合ゴムの特徴

シリカ配合ゴムは、カーボンブラック配合のゴムと比較して転がり抵抗が低いことに合わせて、濡れた路面でのブレーキ性能が優れているという特徴があります。これはタイヤと路面との摩擦(7章－1参照)のうち、①ゴムのヒステリシスロスが増大することによって“ヒステリシス摩擦”が増加する、②シリカ表面のシラノール基は水との親和性が極めて高いことから、路面の水との相互作用によって“凝着摩擦”が大きくなる、という2つの理由によるものと考えられています[24)]。またシリカ配合は、歪みがごく小さい領域ではカーボンブラック配合よりも柔らかいため、路面との接触面積が増えて“凝着摩擦”が大きくなるという考え方も提案されています[25)]。

シリカ配合用S-SBR

そして1980年代に盛んに行われたS-SBRをカーボンブラックに結び付ける末端変性技術の蓄積の中から、シリカ表面のシラノール基と反応する官能基を末端にもつS-SBRが開発され、シランカップリング剤の仲介なしにゴムとシリカを直接結合することが可能になりました。代表的な末端変性にはアルコキシシラン変性やアミン変性などがあります[26)]。

シリカ用末端変性S-SBRはJSR、日本ゼオン、旭化成、住友化学の4社がそれぞれ独自の技術で培ったノウハウによって2000年前後に量産が始まり、日本のタイヤメーカーの世界トップレベルの低燃費タイヤ開発を支えています。

7. 低燃費タイヤのラベリング制度

低燃費タイヤ統一マーク

以上の低燃費タイヤ開発の実績を背景として、世界初の"低燃費タイヤラベリング制度"が我が国で始まりました。2010(平成22)年1月以降、一般に市販されている低燃費タイヤには、そのタイヤが低燃費性能(転がり抵抗係数)と安全性(ウエットグリップ性能)が定められたレベル以上にあることを表示する「低燃費タイヤ統一マーク」(図8-10)ラベルが貼られています[2)]。このラベルに記されている転がり抵抗性能とウエットグリップ性能のアルファベットはタイヤの等級を表しており、それぞれの性能との関係は表8-3のようになっています。

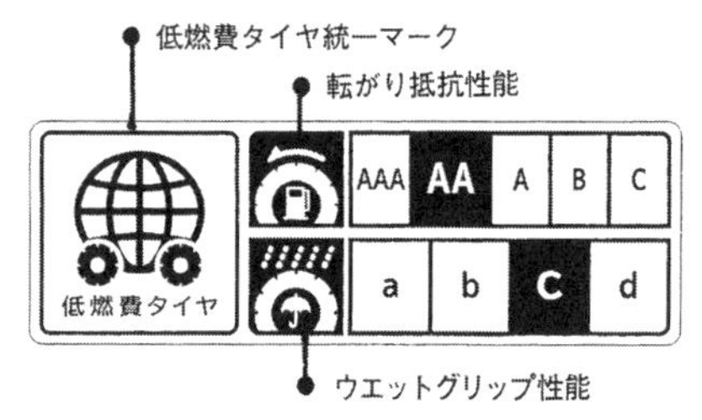

図 8-10　低燃費タイヤ統一マーク[2)]

単位 (N/kN)

転がり抵抗係数 (RRC)	等級
RRC≦6.5	AAA
6.6≦RRC≦7.7	AA
7.8≦RRC≦9.0	A
9.1≦RRC≦10.5	B
10.6≦RRC≦12.0	C

単位 (%)

ウエットグリップ性能(G)	等級
155≦G	a
140≦G≦154	b
125≦G≦139	c
110≦G≦124	d

表 8-3　転がり抵抗係数、ウエットグリップ性能と等級の関係[2)]

低燃費タイヤは、この表で転がり抵抗性能が「AAA」「AA」「A」、ウエットグリップ性能がd以上のタイヤが該当し、転がり抵抗性能が「B」「C」、ウエットグリップ性能がdに満たないタイヤは低燃費タイヤになりません。

転がり抵抗係数(RRC：Rolling Resistance Coefficient)の単位がN/kNとなっていますが、これは転がり抵抗力と荷重をN(ニュートン：9.8N = 1 kg)単位で測定し、数値を測定値の1/1000の値で表していることを意味します。6章−8の表6-2「各種路面における転がり抵抗係数」でコンクリート舗装路とアスファルト舗装路におけるタイヤの転がり抵抗係数を見ると0.011になっていますが、これをN/kN単位で表すと11.0となり、このタイヤの等級はCで、低燃費タイヤではないことになります。

ウエットグリップ性能(G)は定められた試験方法によって得られた数値を、基準タイヤに対する指数で表したものです。

転がり抵抗の燃費への寄与

タイヤの転がり抵抗がクルマの燃費にどの程度の影響を与えているかについては多くの文献があり、様々なデータが公表されていますが、日本自動車タイヤ協会では実証試験の結果から表8-4に示す寄与率を採用しています[2]。総じて転がり抵抗が燃費に占める寄与率は約10%というのが一般的なので、これに従うと、転がり抵抗を20%低減すれば、クルマの燃費は２%向上するということになります。

走行条件	寄与率(%)
一定速度走行	20～25
モード燃費走行	10～20
一般市街地走行	7 ～10

表 8-4　転がり抵抗の燃費への寄与率[2]

表8-3の転がり抵抗係数欄で、等級と転がり抵抗係数との関係を見ると、等級間のRRCの差は平均して約1.4になっています。わかりやすく、一般タイヤのRRCを等級CとBの分かれ目の10とすると、等級Aのタイヤの転がり抵抗は一般タイヤの80～90%、AAが70～80%、AAAが70%以下ということになります。燃費で言えば、例えばAからAAに１等級アップすると約１%改善され、等級Cの一般タイヤを等級AAの低燃費タイヤに替えると、燃費は３レベルアップして約３%よくなります。

低燃費タイヤの試験方法

転がり抵抗性能とウエットグリップ性能の試験は、それぞれJIS D4234(乗用車、トラック及びバス用タイヤの転がり抵抗試験方法)とEU規則Wet Gripグレーディング試験法(案)に基づいて、基準タイヤとの比較をしながら特定の条件下で行われます。よって表に示されている数値は絶対的なものではなく、あくまでも性能の違いを示す目安としての数値であり、転がり抵抗、燃費ともに使用条件によって変わります。

8. 環境・安全を目指す低燃費タイヤ

ラベリング制度は日本自動車タイヤ協会(JATMA)によって世界で初めて制定され、2年後の2012年にEUと韓国で同様な制度が始まりました。アメリカ、中国、インドでも導入が検討されていると伝えられています。

低燃費タイヤ開発の要(かなめ)はタイヤの8割を占める"配合ゴム"です。先行する日本のタイヤメーカーは先発メリットを生かし、原料ゴムや配合剤などの関連メーカーと提携して海外のメーカーに対する優位性を維持すべく、さらなる固有技術の開発を進めています。

産学連携の技術開発

1990年代、環境にやさしいクルマの追求がクローズアップされ、シリカ配合用末端変性S-SBRの開発に拍車がかかりました。が、一方で1991(平成3)年に始まったバブル崩壊と、国内企業の生産拠点や研究開発拠点が海外に進出する"産業空洞化"によって国内産業が衰退する兆しが見られ、社会問題になりました。

対策の一環として、科学技術の振興によって国内産業を高度化し、国際的な技術開発競争に打ち勝つ方針が打ち出され、1995(平成7)年に日本の科学技術政策について定めた"科学技術基本法"が施行されます。その後の法整備によって、大学における研究成果の社会還元がその役割のひとつに位置づけられ、科学技術開発は本格的な産学連携の時代に入りました。そして1997年、兵庫県の播磨科学公園都市に整備された大型放射光施設"SPring-8"(スプリングエイト)の大学、公的研究機関や企業などへの供用が始まります。

コンパウンドのミクロ構造解析

"SPring-8"は、光速近くまで加速した電子の進行方向を磁石によって曲げたときに発生する極めて明るい光"放射光"を用いて、物質の原子・分子レベルの構造や機能を解析できる世界最高性能の研究施設です[27]。この設備を利用してタイヤメーカーや合成ゴムメーカーが、大学の研究者とともにS-SBRの末端に導入した官能基とシリカの反応性や、コンパウンド中におけるシリカの構造、分散状態などを調べ、例えば次のようなことが分かってきました。

1)シリカの分散性改善によるヒステリシスロスの低減:ロスの大きい未変性

S-SBRコンパウンド中には数十～数百nmの大小様々なサイズのシリカ凝集体が混在していますが、ある２種類の官能基をもつロスの小さい末端変性コンパウンド中ではおよそ40nm程度の凝集体が均一に分散しており、このことによってヒステリシスロスが大幅に低減することが確認されました[28]。

２）カーボン配合ゴムとシリカ配合ゴムの内部構造モデル：カーボンブラックやシリカなどのフィラーはコンパウンド中で様々な構造を形づくっていますが、カーボンの場合、集合体は回転楕円体形状で、これを基本単位として少なくとも20μm（２万nm）以上の大きさの構造（図8-11-(b)）なのに対し、シリカ配合ではその大きさは高々数百nm程度で、図8-11-(a)のような構造と考えられることが分かりました[29]。

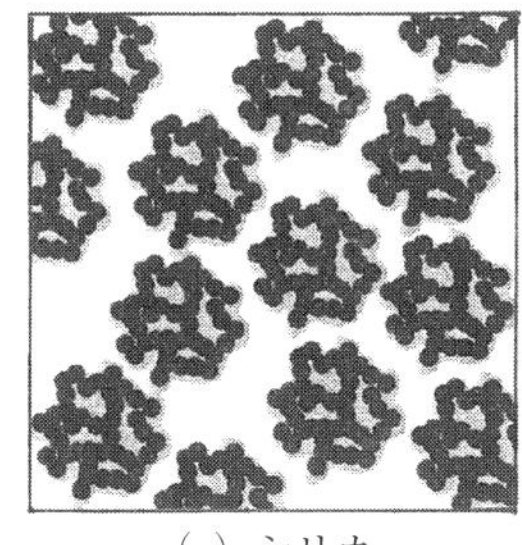
(a) シリカ

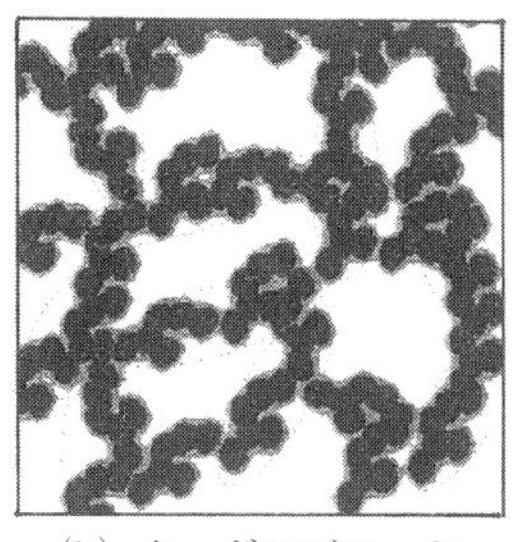
(b) カーボンブラック

図 8-11　シリカおよびカーボンブラック充填ゴムの内部構造[29]

ゴムの物性を予測する材料技術開発

日本の放射光施設にはSPring-８のほかにも様々な設備があります。2010年代に入ると３次元での構造観察も可能になり、タイヤ内部の全容がほぼ見えるようになりました[30]。これらの情報は数値化され、スーパーコンピューターによって高度なシミュレーション解析が行われており、コンパウンド構成材料の構造や物性、運動性能までもが予測可能になってきています。

日本のタイヤメーカーは下記ブランドネームのもと、さらなるタイヤの低燃費化に取り組んでいます。

・ブリヂストン（BRIDGESTONE）：“ECOPIA”（エコピア）
・住友ゴム工業（DUNLOP）：“エナセーブ”
・横浜ゴム（YOKOHAMA）：“BluEarth”（ブルーアース）
・東洋ゴム工業（TOYO TIRES）：“NANOENERGY”（ナノエナジー）

コラム

タイヤの成長と有効数字

タイヤはゴムと繊維という粘弾性物質(6章末のコラム参照)でできているので、その大きさは環境温度やリムに組み付けたあとの経過時間など測定条件によって変わります。このため、タイヤの寸法はJATMA規格に、設計寸法(設計の基準となる寸法)、新品寸法(新品の寸法)、成長寸法(走行に伴う成長を含む寸法)の3つが定められています。

例えば195/65R15タイヤを標準の6インチ幅リムに装着した場合、

① 設計寸法：断面幅201mm／外径635mm

② 新品寸法：総幅最大209mm／外径627～643mm

③ 成長寸法：総幅最大217mm／外径最大657mm

となっています。そして新品タイヤの寸法は、「タイヤを標準リムに装着して空気圧をそのタイヤの最大負荷能力に対応した圧力とし、室温(20～30℃)で24時間放置した後、(コードが伸びて空気圧が下がっているので)再び元の圧力に調整して測定」されます。コードはその後もある限界まで伸び続け(クリープ)、タイヤは大きくなるのでこれを“成長”と呼び、最終的に超えてはならない寸法を成長寸法としています。

トレッドの溝の深さは新品で7mm程度、摩耗するとその分だけ外径は小さくなるわけで、タイヤ寸法の場合、誤差を含みながらも測定値として意味をもつ桁を表示した有効数字は3桁です。

クルマの燃費や制動距離などタイヤがかかわっているテストの測定値を、電卓やExcelで計算された数値そのまま全桁で扱うのは判断を誤る恐れがあります。

第9章
様々なタイヤ

本章では、近年注目されている下記タイヤを紹介しています。

・超偏平タイヤ
・モータースポーツ用タイヤ
・スペアタイヤ
・ランフラットタイヤ
・CASEとタイヤの関係
・エアレスタイヤ

1. 超偏平タイヤ

タイヤの“装う”働き

日本自動車工業会の2017年度乗用車市場動向調査結果によると、四輪自動車保有世帯において、若年層の今後の自動車購入時の重視度がもっとも高い項目は“外観のデザイン・スタイル”となっています[1)]。タイヤ・ホイールは自動車の外観に大きな影響を及ぼし、同じクルマでもそのデザインと大きさ、ボディに対する位置によって印象が大きく変わります。例えば、

①タイヤ・ホイールが大きいほど力強く、安定した感じを受ける
②同じ大きさの場合、リム径が大きく、サイドウォールの幅が狭い(タイヤが薄い)ほどスポーティーで速く走れそうに感じる
③タイヤがクルマの四隅に近いほど安定感、踏ん張り感がある
④同じタイヤ・ホイールでも、フェンダーとの間隔が狭いほど引き締まった感じがする

という傾向があります。

加えて、一般にタイヤは偏平率が小さいほど中高速における運動性能が高く、価格も高価になることから、総じてより偏平でリム径が大きいタイヤ・ホイールがスタイリッシュでグレードが高いとみなされています。

クルマのグレードとタイヤサイズ

新車にはエンジンのタイプや装備、内装などの充実度の違いによって複数のグレードが設定されていますが、上記の理由から、同じ車種でもより上位のクルマにはより偏平でリム径が大きいタイヤ・ホイールが装着されているのが普通です。

このことを2020年のカローラとフォルクスワーゲンゴルフで見ると表9-1のようになっています[2)]。両車ともにベーシックモデルのタイヤサイズは205/55R16ですが、上位のプレミアムモデルでは１インチリム径の大きい215/45R17(カローラ)、225/45R17(ゴルフ)で、ロープライスモデルの標準装着タイヤは１インチリム径の小さい195/65R15です。とくにゴルフの225/45R17は純正装着タイヤ(４章－４参照)を使うことが指定されており、摩耗したときなどには新車と

G-X 195/65R15

S 205/55R16

W×B 215/45R17

<table>
<tr><th>カローラ</th><th>ゴルフ</th><th>タイヤサイズ</th><th>リム</th><th>ホイール</th><th>動半径</th><th>外径</th><th>市販価格</th></tr>
<tr><td>G-X</td><td>Trendline</td><td>195/65R15</td><td>6 J</td><td>スチール</td><td>305</td><td>635</td><td>19,000</td></tr>
<tr><td>S</td><td>−</td><td>205/55R16</td><td>7 J</td><td rowspan="4">アルミ</td><td rowspan="2">305</td><td rowspan="2">632</td><td rowspan="2">24,000</td></tr>
<tr><td>−</td><td>Comfortline</td><td>205/55R16</td><td>6 ½J</td></tr>
<tr><td>W × B</td><td>−</td><td>215/45R17</td><td>7 ½J</td><td>304</td><td>626</td><td>32,000</td></tr>
<tr><td>−</td><td>Highline</td><td>225/45R17</td><td>7 J</td><td>307</td><td>634</td><td>41,000</td></tr>
</table>

単位：動半径(動的負荷半径)及び外径：mm　市販価格(例)：円

図 9-1　カローラのグレードとタイヤの関係（トヨタ自動車）

同じタイヤを装着することが求められています。

超偏平タイヤでドレスアップ

また、大径ホイールと偏平タイヤでクルマのデザイン性や存在感をアピールするドレスアップのために、新車装着タイヤよりもさらに偏平な超偏平タイヤを大径ホイールに組み付けて履く“インチアップ”が行われています。

適正なインチアップを行うには、下記の知識が必須です。

①タイヤサイズの変更に伴うクルマの様々な性能の変化についての知識

②タイヤはサイズごとに負荷できる荷重が規格に定められていることから、適切なサイズを選ぶにあたって“ロードインデックス”“エクストラロードタイヤ(XL)/レインフォースドタイヤ(RF)”などについての知識

③道路運送車両法の自動車の改造に関する規定についての知識

「過ぎたるは猶及ばざるが如し」という格言があります。ショップの担当者とよく相談し、違法改造にならないようくれぐれも注意したいものです[3)]。

2. モータースポーツ用タイヤ

モータースポーツとタイヤ

モータースポーツには多くのカテゴリーがありますが、そのほとんどが“速さ”を競うもので、定められたコースを最も短い時間で走り切ったドライバーを勝者とする競技です。そして、このスピードに決定的な影響を与える重要な要素は“エンジンのパワー”“タイヤのグリップ”そして“ドライバーの心・技・体”の三つです。いかに出力の大きなエンジンを載せ、強力なブレーキを備えたクルマでも、その力をドライバーが巧みにコントロールし、タイヤがしっかりと路面をグリップしなくては速く走ることができません。

グリップは、ドライバーがこれを意識し、全身で感じ取る「前後左右それぞれのタイヤの接地面に生じている摩擦力」で、その向きと大きさはクルマのスピード、路面コンディション、トレッドへの力のかかり具合などによって時々刻々と変化します。ドライバーはブレーキの利き、ステアリングへの手応え、アクセルレスポンスなどから、４本のタイヤそれぞれのグリップ状態と限界を見極めながらスピードに挑戦しています。

グリップを体感する

グリップは静摩擦と動摩擦の項(７章－３)で述べたように、ある条件下で接地面に生じる最大摩擦力なので、普段の走りではほとんど分かりませんが、モータースポーツ競技で走るとすぐに実感できます。ウェブの“JAFモータースポーツ”のサイトに“オートテスト”が紹介されています。広場にパイロンでつくられたコースを走ってタイムを競う競技で、軽自動車でもミニバンでもヘルメットなしで気軽に参加でき、スピードは50km/h以下ですがタイヤのグリップをしっかりと感じることができます。

モータースポーツ用タイヤはドライ、ウエット、温度などの路面コンディションや、スプリントレースか耐久レースかなど、走行ステージ別にトレッドのパターンとゴム(コンパウンド)を組み合わせ、何種類かが準備されています。どのスペックのタイヤを選んでどのように走ればベストのグリップが得られるのか、全てはドライバーの判断にまかされています[4)]。

スポーツ走行を楽しむ

クルマをもつことの喜びのひとつに、爽快なスピード感を味わいながらクルマを意のままに自在にコントロールして走る楽しさがあります。マイカーでサーキットを思いきり走り、クルマの性能を楽しむことのできる走行会が全国のサーキットで開催されていますが、モータースポーツを体験してみたい方におすすめなのがJAFの"サーキットトライアル"です。サーキットをみんなで走るのはレースと同じですが、着順ではなく個人のラップタイムで競いますので、マイペースで走れるのが特徴です。

図 9-2　国内主要サーキット

3. スペアタイヤ

スペア専用タイヤ

高速道路の建設と幹線道路の舗装が急速に進み、乗用車タイヤがバイアスからスチールラジアルに変わりつつあった1970年代、タイヤのパンクが目に見えて少なくなりました[5)]。結果としてスペアタイヤが使われる機会がほとんどなくなったことから、省スペース、省資源を目的としてスペア専用タイヤが開発され、従来の標準装着タイヤに代えて搭載されるようになりました。

スペア専用タイヤには折りたたみ式の“スペースセイバータイヤ”と高内圧で使用する“テンパータイヤ”があります。

1)スペースセイバータイヤ(SST：Space Saver Tire、折りたたみ式タイヤ)

通常のタイヤとほぼ同じ大きさのバイアスタイヤで、図9-3のようにサイドウォールを内側に折りたたむと同時に外周を縮めて収納し、パンク時に専用のコンプレッサーで膨らませて使用するものです[6)]。アメリカのＢＦグッドリッチ社がスポーツカーのラゲッジスペースを広くする目的で開発したもので、1968(昭和43)年にポンティアック・ファイアーバードに標準装備され、以後1970年代にフォード・マスタング、フォルクスワーゲン、ポルシェなどがこのスペアタイヤを搭載しました[7)]。

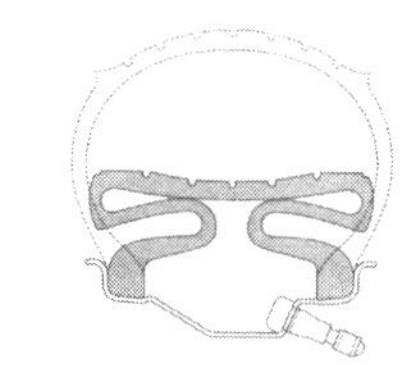
図9-3　スペースセイバータイヤ[6)]

2)テンパータイヤ(Temporary Use Tire、Ｔタイプタイヤ)

テンパータイヤは一般タイヤよりも外径、幅ともに小さい70シリーズの偏平バイアスタイヤで、420kPa(4.2kg/㎠)の高圧で使用されています。1976(昭和51)年にファイアストン社が一時的に(Temporary)使うだけの軽量スペアタイヤとして開発し、79年モデルのGM車から採用が始まりました。このタイヤは日本でもスペースセイバータイヤとともにアメリカ向け新車用に生産されていましたが、1981(昭和56)年に応急用タイヤ(Ｔタイプおよび折りたたみ式タイヤ)として認可され、国内向けにも使用できるようになりました。懸念される操縦性安定性ですが、通常の走行にはまったく差支えのないことが確認されています[7)]。

SSTはスポーツカーの省スペースを目的として開発されたもので、専用のコンプレッサーを積むと車両重量はほとんど変わりません。しかし、テンパータイヤは1973年のオイルショックを経て、スペアタイヤの軽量化、ひいては燃費の低減を目的として開発されたもので、1980年代にオフロード用など一部の車種を除いてほとんどの乗用車がこのタイヤを採用しました。

タイヤパンク応急修理キット

燃費規制はオイルショックを背景として1985(昭和60)年度に導入され、2000年度、2010年度、さらに2015年度規制へと強化されつつ引き継がれました。この間の1998年度から2010年度に至る12年の間に、ガソリン乗用車(新車)の平均燃費値は40%以上も向上しています[8]。これには1997(平成９)年12月にトヨタが世界初となる量産ハイブリッドカー・プリウスを発売、これを追って各社から次々とハイブリッド車が上市されて、2010年度にはガソリン乗用車の12.4%を占めるに至ったことが大きく寄与しています。これに2009(平成21)年４月から18ヶ月間実施されたエコカー補助金・減税が拍車をかけました。

そしてさらなるクルマの軽量・低燃費化を目指し、2008年にフルモデルチェンジしたスズキのワゴンRが先陣を切って、テンパータイヤの代わりにパンク応急修理キットを搭載し始めました。これにはテンパータイヤの９割以上が未使用のままクルマの廃車と同時に廃棄されており、これを積まないことが省エネルギー、省資源に寄与すると考えられたことも手伝っています。

パンク応急修理キットはパンクしたタイヤにエアバルブから修理剤と空気を入れて一時的に修理し、最寄りのタイヤショップやガソリンスタンド、カーディーラーなどまで走ることができるようにする器具です。パンクの原因調査によると、９割近くが大小の釘がトレッドに刺さったことによるものなので[5]、応急修理によって対応できると考えられ、2010年代に入って新車は応急修理キットを標準装備とし、テンパータイヤを別売とするのが普通になりました。

しかし、この応急修理キットについては、対処できるのがトレッド部の釘やネジなどによる軽度のパンクに限られ、傷が大きい場合には役に立たないこと、修理したあと５km程度走行して空気圧が正常であることを確認しなくてはならず、煩わしいことなどが問題点として指摘されています。

4. 空気圧低下警報装置

タイヤトラブルとJAFのロードサービス

2019年３月、JAFから「タイヤのパンク、10年前から約10万件増！トラブル防止のため定期的なタイヤ点検を！」とのドライバーへの呼びかけが行われました[9)]。これは、2007年度から2017年度までの10年間のロードサービス記録から、パンク(バースト)やエア不足などのタイヤトラブルでの出動件数をチェックしたところ、2007年度に約28万7000件だったものが、2017年度は約3.6割増の39万件にも上り、過去最高を記録していたことによるものです。

ドライバーのパンクへの対応

タイヤトラブルによる出動件数増加の原因は、自分でスペアタイヤへの交換または修理が行えないか、行わずにJAFなどに依頼するドライバーが増えたためと考えられることが、2017年に全国の自動車ユーザーを対象に行われたタイヤのパンクに関するアンケート調査の結果から分かりました[10)]。

アンケートには４万6000人強のドライバーから回答が寄せられましたが、60％にあたる２万8000人弱がパンク(バースト)の経験者でした。そして、そのパンクが何時(複数回の人は直近)で、そのとき自分でスペアタイヤへ交換または修理をしたのか、あるいは他者(社)に対応を依頼したのかを尋ね、自分で行った人と他者に依頼した人の比率で表すと、図9-4のようになります[10)]。

図で「それ以上前」は1997(平成９)年以前のことで、当時スペアタイヤはテンパータイヤでしたが、パンクした場合77％は自分でタイヤ交換をしていました。それが徐々に少なくなって、自分で交換する人と他者に依頼した人の数が「１～５年前」すなわち新車のスペアタイヤがパンク応急修理セットに変更された頃に半々になり、さらにアンケート調査が行われた2017年１～２月にはJAFなどに依頼する人の方が多くなっています。この変化にはいくつかの原因が考えらますが、携帯電話の普及も深くかかわっていると思われます。

携帯電話は図9-4の「16～20年前」頃から普及が始まって、「11～15年前」にはほとんどのドライバーが日常的に使うようになりました。2010年代になるとこれがスマートフォン(スマホ)に替わり、当時クルマとスマホはすでに生活必

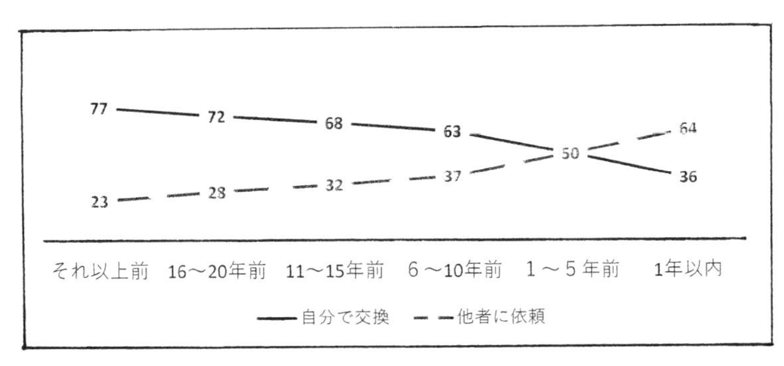

図 9-4　タイヤパンク時の対応（%）

需品になっていたので、ドライバーがタイヤのパンクに気付けば、まっ先にクルマを買ったディーラーやJAFに電話するケースが多くなったのではないでしょうか。

パンクによるトラブルを避ける対策のひとつとして、マイカーに下記のような警報装置を装備して早めに空気圧低下を知り、パンクで走れなくなる前に近くのタイヤサービスが受けられる場所をさがして対処することが考えられます。

タイヤ空気圧監視システム

タイヤの空気圧をドライバーに知らせる装置は一般にタイヤ空気圧モニタリング（監視）システム（Tire Pressure Monitoring System：TPMS）と呼ばれ、空気入りタイヤに準じた長い開発の歴史があります[11]。

TPMSには直接式と間接式とがあって、直接式はセンサーをホイールのエアバルブやタイヤの内部に取り付け、空気圧を測定してデータを車載の受信機に電波で送り、表示するタイプです。間接式はアンチロックブレーキシステム（ABS：７章－２参照）を利用するもので、空気圧が下がってタイヤのたわみが大きくなると、ABSの回転センサーからの信号が変化するのを感知して警告を出す仕組みになっています。TPMSはアメリカで2007年、ヨーロッパで2012年、韓国では2013年、中国でも2019年から新車への装着が義務化されており、日本でもその検討が進められています[12]。

5. ランフラットタイヤ

パンクしても走れるタイヤ

ランフラットタイヤは文字通りパンクして平たくなっても走れるタイヤですが、本格的な開発は1970(昭和45)年、米国運輸省がESV(Experimental Safety Vehicle：実験安全車)の開発計画を提唱したのがきっかけでした。その背景には1950年代から60年代にかけてのアメリカがビッグスリー(GM・フォード・クライスラー)の黄金時代で[13]、自動車が爆発的に急増したため交通事故の多発が深刻な社会問題になっていたことがあります。

当時、自動車事故による死者の約60%が乗車中だったことから、ESV計画の目標は「乗員保護」と「運転者の危険回避」のための安全性の追求、技術の向上でした[14]。そしてこのプロジェクトには世界各国の自動車メーカーとともにタイヤメーカーも参加し、1970年代に様々なランフラットタイヤが“安全タイヤ”として開発されました[15]。

安全タイヤの開発

タイヤがパンクで走れなくなるのは、①サイドウォールの内側が擦れあって破損するのと、②ビード部がリムから外れてタイヤが転がれなくなるためです。安全タイヤは、①に対して中に“中子(なかご)”と呼ばれる部材を設けてパンクしたタイヤのトレッド部を支え、②についてはビード部が外れにくいようにリムの形状を特殊な形にしたものがほとんどでした。そして中子を使用せず、タイヤの内側にジェルと呼ばれる潤滑剤を塗って①のサイドウォールの摩擦を和らげ、②の特殊リムでビード部を外れにくくしたダンロップの“デノボ2(ツー)”など、商品化されたタイヤもありました。

これら安全タイヤの開発は、前章のタイヤの構造・形状の項(８章－２)で紹介した転がり抵抗低減をはじめ、諸性能の向上や安全性を高めるためのタイヤ形状・構造の開発と相前後して進められました。しかし、先に述べたように、これら特殊な形状のタイヤ・ホイールは、最終的にコストパフォーマンスの問題を解決することが困難だったためか、普及するには至りませんでした。

サイド補強式ランフラットタイヤ

そして1980年代に入り、タイヤの偏平化が進んで(3章－14参照)トレッド幅が広く、サイドウォールの幅が狭くなり、たわみが小さくなったことを利用して、通常のホイールでもパンク時に外れることのないサイド補強式ランフラットタイヤ(Self Support Run-flat Tire：SSR)が開発されました。サイドウォールの内側に設けられた6～12mmの厚さのサイド補強ゴムがパンク時のクルマの重量を支える仕組みになっており、走行中にリム外れを起こさないようビード部の幅が広くなっています[16)]。

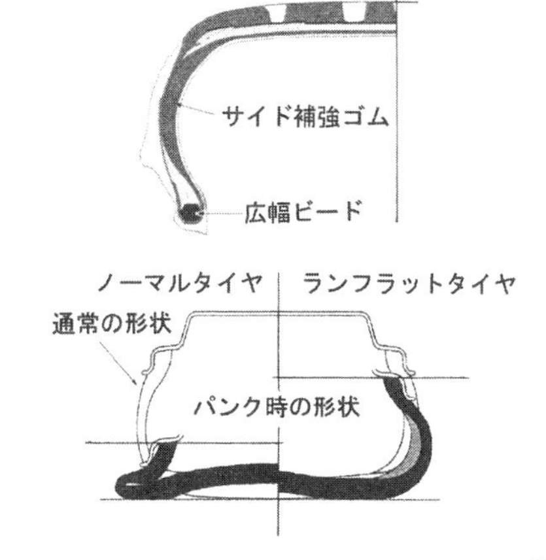

図9-5　サイド補強式ランフラットタイヤ[16)]

空気圧がゼロになってもタイヤが潰れることなくそのまま走り続けることができるので、ドライバーはパンクに気が付きません。このため、SSRを装着したクルマにはタイヤ空気圧モニタリング(監視)システムが装備されています。

ランフラットタイヤのメリット

パンクしても走れるタイヤのメリットは、何よりも路肩でタイヤ交換や応急修理をしなくてもよいということです。高速道路はもとより、交通繁忙な道路でタイヤを交換したり応急修理を行うことには煩わしさと危険が伴い、女性や高齢ドライバーにとってその作業はさらに困難さを増すでしょう[17)]。夜間、風雨、炎天下などでの作業は考えただけでもうんざりです。

もうひとつのメリットは高速走行中のドライバーの安心感です。とくに走行速度の速いヨーロッパではパンクに気付かずに走ると事故に至る恐れがあるため、タイヤに異常がないか常に気を配りながら運転しなくてはなりません。その心配が不要で、たとえパンクしてもハンドリングに異常が生じる前にタイヤ空気圧監視システムが知らせてくれますので、安心して走ることができます。

6. ランフラットタイヤ（続）

ランフラットタイヤの普及

ランフラットタイヤの本格的な普及が始まったのは、メルセデスベンツと並んでドイツを代表する高級車メーカーBMWが、2003(平成15)年発売の7シリーズ(最もグレードの高いセダン)から始めて、公道を走れるレーシングスポーツカーのMモデルなど特別な車種を除く全車に、逐次サイド補強式ランフラットタイヤ(SSR)を標準装備したのがきっかけでした。

BMWは「駆け抜ける歓び」をキャッチコピーとし、走りとハンドリングを重視してエンジンとタイヤにこだわったスポーティーなセダンをラインアップしているメーカーとして知られています。新車用タイヤの項(4章－4)で述べたように、ヨーロッパでは多くの車種に純正装着タイヤが指定されていますがBMWはこれが徹底しており、新車装着全てのタイヤに、そのタイヤがBMWのため専用に開発された承認タイヤであることを示す“スターマーク”(★)が表記されています[18]。そのBMWが他社に先駆けてランフラットタイヤを全車に採用したのは、前項で述べたように、高速走行中のドライバーの安心感が重視されているからではないでしょうか。

SSRは走行中に空気圧がゼロの状態になっても、最高時速80㎞で最長80kmまで走れるタイヤと定義されており、2005(平成17)年12月、ISO規格(4章－2参照)に国際基準(ISO16992)が制定されました。そしてその後レクサス、日産GT-R、スカイライン、メルセデスベンツ、MINI、アルファロメオなどの一部の車種に標準、あるいはオプションとして装着され、普及が進んでいます。

新世代ランフラットタイヤ

BMWは、承認タイヤはサスペンションと一体で開発されており、乗り心地は上質としています[18]。しかしSSRはサイドウォールに丈夫で厚い補強ゴムが貼られていることから、一般的にはタイヤの基本機能のひとつ“和らげる”働きがノーマルタイヤより劣ることは否めません。また、タイヤ重量が補強ゴムの分だけ重くなり、転がり抵抗が大きくなるという問題もあります。

タイヤメーカー各社は低燃費タイヤ開発を通じて蓄積されたヒステリシスロ

ス低減のノウハウを生かし、必要な剛性を維持しつつ繰り返し変形に耐え得る補強ゴムの開発を進めています。そしてSSRのさらなる普及を目指し、ランフラット耐久性を緩和して乗り心地の改善、軽量化、転がり抵抗の低減を図るため、性能要件、表示要件を規格化したISO規格16992が2018年8月に改訂発行されました。この規格に基づいてつくられた新世代ランフラットタイヤは"Extended Mobility Tyre"（EMT）と命名され、乗り心地についてはノーマルタイヤに近いレベルに達していると言われています。

それにしても「空気圧ゼロで最高時速80km、最長80kmまで走れる」というランフラットタイヤの条件には厳しいものがあり、私たちの普段使いのクルマに装着できるようになるまでにはかなりの時間がかかりそうです。

国内専用ランフラットタイヤ

ランフラットタイヤには日常の空気圧点検が簡単というメリットもあります。タイヤ空気圧監視システム（TPMS）によって、常に空気圧が正常かどうかを知ることができるので、空気圧を定期的に測定する煩わしさがなくなり、低い空気圧で走ることによって生じるトラブルを未然に防ぐことができます。この安全・安心タイヤを早くマイカーに装着する方法はないものでしょうか。

日本の高速自動車道はパーキングエリアが15km、サービスエリアが50km間隔を目安に設置されており、その間に出入口があります。ランフラットタイヤは、国内では規格の空気圧ゼロで最長80kmまで走れる必要はなく、時速80kmでその半分も走ることができればよいのではないかとも考えられます。

日本自動車工業会によると、全国の自動車保有台数は2019年1月現在6204万台で、うち軽自動車が2247万台と、全体の36.2%を占めています。そして近年の軽自動車のタイヤサイズはメーカーを問わず155/65R14 75Sで、グレードの高いモデルに165/55R15 75Vが装着されています。55シリーズのランフラットタイヤはすでに市販されており、「時速80kmで80kmで走行できる」という厳しい規格が緩和されれば、軽自動車用の価格の安いのランフラットタイヤ開発は、今のタイヤメーカーの技術力をもってすればさほど難しくはないと思われます。

7. CASEとタイヤ

CASE（ケース）は2016（平成28）年10月に開催されたパリモーターショーにおいて、ドイツのダイムラー社が中・長期経営戦略の一部の名称として発表した造語で[19)]、以後自動車業界のほとんどの企業がこのコンセプトを事業展開に採り入れ、自動車産業に大きな変革がもたらされました。CASEは４つのキーワードの頭文字を並べたもので、Cがコネクテッド（Connected：接続性）、Aがオートノマス（Autonomous：自動運転）、Sがシェアードとサービス（Shared & Service：共有とサービス）、そしてEがエレクトリック（Electric：電動化）を意味するとされています。タイヤは唯一路面に接してクルマを支えている部品なので、これらのキーワードに深くかかわっています。

１）C＝コネクテッド：タイヤの“探る（さぐる）”働き

コネクトはインターネットによって周辺のクルマや交通関連設備がつながり、常時情報を共有するシステムを言い、タイヤの役割は路面情報とタイヤ自身の状態をコントロールシステムに伝えるセンサーとしての“探る”働きです。

例えば雪がちらつく冬の道路を、ときにタイヤが滑るのを感じながら走っているというシチュエーションを考えてみてください。何よりも知りたいのはこの先、道路（路面）が無事に走れる状態かどうかではないでしょうか。そんなとき、先行するクルマのタイヤに路面の状態を検知するセンサーが付けられていて、そのデータが時々刻々と道路管理施設に送信され、AI（人工知能）がこれを集約・分析、道路がどうなっているのかをリアルタイムで後続車に知らせることができれば、どんなに安心・安全なドライブができることでしょう。

この半ば夢のような話には情報通信ネットワークの整備が必須で、実現には時間がかかりそうですが、タイヤ・ホイールにセンサーを取り付けて路面状態を検出するシステムはすでにいくつか開発され、実用化に向けて研究・実験が進められています[20)]。その中に、全ての国産乗用車に付けられている“車輪速センサー”からの回転速度信号を解析し、タイヤそのものをセンサーとして路面の状態を検知するシステム“センシングコア”を住友ゴムが開発しています。

クルマの基本性能「走る・曲がる・止まる」のうち、走るはトラクションコントロールシステム(TSC)、曲がるはスタビリティコントロール、止まるはアンチロックブレーキシステムによってそれぞれ制御されていますが、これらの制御に用いられるのは4本の車輪(タイヤ・ホイール)の回転速度信号です。センシングコアは、このうちのTSCの駆動力と車輪の回転速度の変化からタイヤ／路面間のスリップ率(7章－2参照)を解析して路面の滑りやすさを推定する技術で、同時にタイヤの空気圧低下やそれぞれのタイヤにかかる荷重、摩耗状態をリアルタイムで知ることができ、実用化が期待されています[21)]。

2)A＝オートノマス、S＝シェアードとサービス：ランフラットタイヤ

オートノマス＝自動運転には、先に述べたような情報通信ネットワークを通じた路面情報の提供もかかわっていますが、同時にタイヤが常に安定した一定の状態にあることが重要と考えられます。また、カーシェアリングは登録された会員の間でクルマを共同で使用するシステムですが、パンクなどタイヤに不具合が生じてもクルマの置かれていた元のステーションまで確実に帰れることが望ましく、ランフラットタイヤの装着が必要ではないでしょうか。

3)E＝エレクトリック：電気自動車用タイヤ

2016(平成28)年、ドイツ連邦議会は2030年までにEVやFCV(Fuel Cell Vehicle：燃料電池自動車)などの排ガスゼロのクルマ以外の新車販売を禁止する決議案を採択しました。そして翌2017年、イギリスとフランスで2040年までにガソリン車・ディーゼル車の販売禁止が提案され、電気自動車は国内外を問わず開発が加速しています。EVの開発は何よりも1回の充電で走行できる距離を競うかたちで進められていることと、バッテリーパックの搭載によってガソリン車よりも重いことから、タイヤには転がり抵抗の低減が最優先で求められています[22)]。また、EVはモーターの強力なトルクの立ち上がりによる発進・加速、さらに走っている勢いでモーターを発電機として回し、その抵抗を制動力とする回生ブレーキによって、ガソリン車よりもタイヤの摩耗が早くなる傾向は否めません。タイヤ騒音の低減も大きな問題です。今、タイヤメーカーはこれらの技術課題に全力を挙げて取り組んでいます。

コラム

エアレスタイヤ

エアレスタイヤは熱可塑性樹脂のスポークと、通常のタイヤのトレッドとを組み合わせた文字通り空気を使わないタイヤで、パンクのないメンテナンスフリーの近未来乗用車用タイヤとして、スポークの素材と構造を中心に開発が進められています。

当面、タイヤとしての諸性能の比較対象は、パンクしても走れるTPMSを備えた新世代ランフラットタイヤですが、エアレスタイヤのスポークの働きをタイヤの“支える”と“和らげる”機能で比較すると下表のようになります。

スポークの働きの比較

スポークの種類	支える	和らげる	掲載頁
自転車タイヤのスポーク	ワイヤの強度	エネルギー弾性	48
エアレスタイヤのスポーク	樹脂の強度		−
タイヤのサイドウォール	コードの張力	エントロピー弾性	208

エアレスタイヤと空気入りタイヤの主な違いは３つあります。ひとつはスポークの強度の耐久性で、空気圧を適正に保って使用すればタイヤコードの張力はほとんど低下しないのに対し、樹脂は繰り返し応力による強度低下が避けられないことです。２つ目の違いは、樹脂が固体で、その弾力はエネルギー弾性によって生じ、ほぼ一定なのに対して、ゴムと空気の弾力はエントロピー弾性(５章−２参照)によって生じることから、空気圧によって変えることができるという点です。そして３つ目の違いはタイヤとしての“装う”働きです。エアレスタイヤの外観が進化を続けている乗用車のデザインとマッチするかどうか。そのあたりが普及の鍵になるのではないでしょうか。

エアレスタイヤの例

住友ゴム提供

第10章
タイヤと空気圧

空気入りタイヤには、「支える」、「伝える」、「和らげる」という基本的な働きに、「装う」と「探る」を加えた5つの機能があります。

このうち、「支える」、「伝える」、「和らげる」の3つの働きは、主としてタイヤの材料、形状と構造に左右されますが、空気圧が大きな影響を与えていることは、これまで見てきた通りです。

さらに1970年代の後半以降、タイヤには省資源・省エネルギーの観点から、転がり抵抗の低減と耐久性・耐摩耗性の向上、加えてクルマの安全性、快適性を高める機能を果たすことが求められてきています。そのいずれの項目にも、空気圧が深くかかわっていることは言うまでもありません。

本章では、この空気圧について、その働き、タイヤの性能特性との関係、避けることのできない空気圧の低下にどのように対処したらよいのか、などをまとめています。

1. タイヤの“支える”働き

クルマを支える空気圧

クルマの重量を支えるのはタイヤの空気圧、正確には「空気の量と圧力」です。空気はその８割が窒素の分子、２割が酸素の分子で、私たちの身の回りにはこれらの無数の分子が自由に飛び回っていますが、タイヤに封じ込めると内壁のインナーライナーに激しく衝突します。気体の圧力は、この衝突によって分子が〔面を垂直に押す力：N(ニュートン)〕を〔力が働く面積：㎡(平方メートル)〕で割った単位面積あたりの力として〔Pa(パスカル)〕で表され、100kPa(キロパスカル)が１kgf/㎠(キログラムフォース毎平方センチメートル)に相当します。圧力の源は分子の熱運動なので、熱が加わって温度が上昇するとその運動が激しくなり、圧力が高くなります。

空気の圧力はタイヤの内面に一様にかかり、カーカスのコードを引き伸ばす力である張力を生じさせると同時にベルトの剛性を高めています。

タイヤコードの張力

図10-1はクルマに装着して負荷をかけた状態のタイヤを横から見たときの縦断面を示したもので、点線が負荷前、実線が負荷後のトレッド表面の形状を表しています。

中央の車軸に荷重がかかってホイールがタイヤを路面に押し付けると、サイ

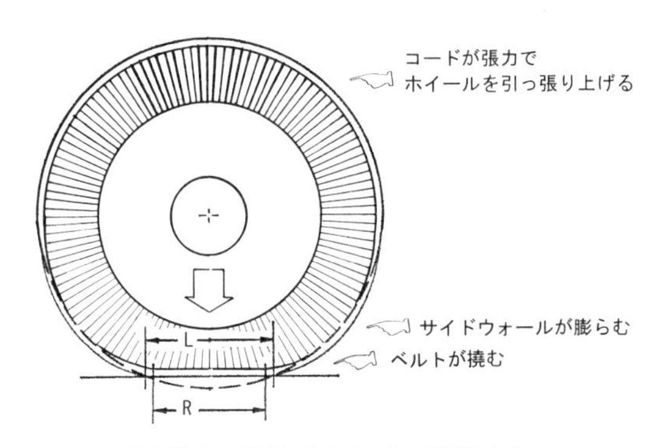

図 10-1　負荷時のタイヤ形状変化

ドウォールが横に膨らみ、トレッドがたわんで表面の円弧の長さRが接地部分の長さ(接地長)Lになります。このとき、タイヤの半分から上の部分のコードはホイールを吊っていますが、この状態は自転車のワイヤースポークの働きの項(2章－6)で述べたリム＝スポーク＝ハブの関係と同じです。異なるのは、自転車の場合、全てがスチールでできているので、張力が変化しても形が変わりませんが、ラジアルタイヤでは、リムに相当するスチールベルトとスポークに相当する繊維のコードがともに伸びたり縮んだり曲がったりするところです。

ブリーディングC.B.U.

空気圧が高いとベルトは張力によって充分な剛性をもち、その縦断面は円形を保っていますが、空気圧が下がるとその剛性が低下し、図10-1の接地長Lが前後に長くなってサイド部のたわみが大きくなります。空気圧が低い状態で高速走行を続けるとタイヤがバーストする可能性が高いことは常識になっていますが、その再現テストがJATMAで行われています[1)]。

実験は、SUVに装着されている225/65R17サイズのタイヤを走行試験機に取り付けて120km/hで走らせ、空気圧を220kPaから始めて10分の走行ごとに30kPaずつ下げていき、タイヤ内の空気の温度を計測するというものでした。その結果、テストを始めて60分過ぎの内圧40kPaでの走行中に、サイド部のカーカスコードの一部が周状に切れる“ブリーディングC.B.U.”と呼ばれる損傷が発生し、タイヤ内の空気の温度は127℃にまで達していました。ポリエステルコードの融点は260℃なので[2)]、サイドウォールの内部温度が200℃以上に上昇してコードの強力が低下し、バーストに至ったと考えられます。ブリーディング(Bleeding)は空気が少しずつ漏れていくことを言い、C.B.U.はCasing Break-up(コード切れ)を略したものです[3)]。

図10-2　ブリーディングC.B.U.で破損したタイヤ[3)]

2. タイヤの性能と空気圧

タイヤの性能特性と空気圧の関係

タイヤのメンテナンスと言えばまず空気圧の調整ですが、クルマに指定された適正空気圧に対して過不足があった場合、タイヤの主な性能特性がどのように変わるのかをまとめたのが表10-1です。

番号	項目	空気圧が適正値より		参考頁
		低い	高い	
1	負荷能力	低下	増加	208
2	たわみ具合→転がり抵抗	増加	減少	137
3	タイヤの剛性	減少	増加	210
4	接地面積	増加	減少	148
5	接地圧	低下	増加	156
6	コーナリングパワー	減少	増加	142
7	セルフアライニングトルク	増加	減少	143
8	ハイドロプレーニング現象	増加	減少	154
9	高速耐久性	低下	増加	138
10	耐摩耗性	低下	低下	160
11	偏摩耗	ショルダー摩耗	センター摩耗	217

表 10-1 タイヤの性能特性と空気圧の関係

① 負荷能力：タイヤの負荷能力はJATMA規格などタイヤ規格（4章－2参照）の空気圧－負荷能力対応表に示されています。クルマの適正空気圧は車両総重量に対して余裕のある数値に定められてはいますが、前項に述べたように、低空気圧で使用すると負荷能力の不足によってタイヤの寿命が短くなります。

② たわみ具合：タイヤのたわみは転がり抵抗、ひいては燃費に直結しています。ラジアル化が進んだ1970年代から80年代にかけての空気圧は180～200kPa程度でした。その後、燃費向上のために指定空気圧が徐々に高くなり、今は220～240kPaが一般的で、250～270kPaのモデルも見られるようになりました。

③ タイヤの剛性：空気圧の高低による剛性（弾性）の違いは乗り心地に影響を与えますが、適正空気圧前後ではその差はわずかです。乗り心地はクルマの低周波振動に対して乗っている人が受ける感じですので、サスペンションやフロア

剛性など様々な要素が関係しており、タイヤだけで決まるものではありません。
④ 接地面積 ⑤ 接地圧：空気圧と接地面積・接地圧は微妙な関係にあり、乾燥した路面では空気圧が低めの方が接地面積が増えて凝着摩擦力が大きくなるというメリットがありますが、濡れた路面では逆に高めの方が接地圧が大きく排水性がよいという利点があります。
⑥ コーナリングパワー ⑦セルフアライニングトルク：スポーツ走行ではコーナリングパワーが大きく、セルフアライニングトルクの小さい、高めの空気圧でのハンドリングが好まれますが、一般走行では空気圧の高低によるクルマの操縦安定性の違いはほとんど感じられません。
⑧ ハイドロプレーニング現象：空気圧が高いほどハイドロプレーニング現象が発生しにくくなります。これは7章－4で述べた通りです。
⑨ 高速耐久性：タイヤの高速耐久性は大部分を空気圧に依存しています。逆に言えば、許容最高速度の高いタイヤは高い空気圧での使用に耐えることのできる構造につくられています。
⑩ 耐摩耗性 ⑪ 偏摩耗：空気圧が高いとトレッド中央部分の接地圧が相対的に大きくなって“センター摩耗”が、低いとショルダー部の負荷が大きくなって“両肩摩耗”が発生することがあります。またコーナリングスピードが速いクルマではトレッドの外側に“片側摩耗”が生じ、サスペンションの不具合によって偏摩耗が発生することもあります。

適正空気圧

適正空気圧は“指定空気圧”とも呼ばれ、そのクルマを使用するのに最も適した空気圧としてメーカーが推奨する空気圧で、タイヤサイズとともに運転席のドアを開くとすぐに目につく箇所に貼られているシールに記されています。

クルマが走る・曲がる・止まるための力は全て、タイヤと路面の間に生じる摩擦力が元になっています。タイヤのサイズ・空気圧・性能特性などの仕様は、クルマのコンセプトに合わせて計画段階で検討・決定され、設計が進められます。そして、試作車による膨大な性能確認テストを経て適正空気圧が決定され、この空気圧で計測されたデータがそのクルマの性能特性値となります。

3. タイヤの空気圧低下

これまで述べたように、空気圧はタイヤの支える・伝える・和らげる働きに大きな影響を与えています。このため、クルマのメンテナンスで最も重要とされているのは安全走行に直結するタイヤの溝深さ・空気圧とブレーキです。自動車事故はクルマが動いている状態で発生します。ブレーキが利いて接触直前に止まることができれば事故はなく、空気圧不足のためステアリングに一瞬の遅れが出ることが事故に結び付く可能性があります。

空気圧点検の実態

JATMA(日本自動車タイヤ協会)からは、長年にわたって「月に１回以上のタイヤ空気圧点検」が呼びかけられていますが、2020(令和２)年４月、そのJATMAによって全国のドライバー2000人を対象にタイヤの空気圧点検実態調査が行われました[4)]。結果を要約すると以下のようになります。

① 空気圧点検の頻度について、６割以上のドライバーが「足りている」と回答しました。しかし、実際には７割以上の人が「月に１回以上の空気圧点検が推奨されている」ことは知らず、これを実行しているのは４人に１人以下でした。

② その理由については「チェックする方法が分からない」が47％でトップ、「あまり距離を走ることがないから」が25％で、年間走行距離が短い人ほど月１回の空気圧点検をする割合が低いことが分かりました。

③ 一方“燃費”については８割以上のドライバーが重視しており、クルマを買うにあたっても、日ごろの運転にあたっても気にしています。

空気圧と燃費(転がり抵抗)の関係については６章－10で述べているので、本章では「空気圧が低下する原因」について、次項で「空気圧点検をする、あるいはしてもらう方法」について述べたいと思います。

空気圧の自然低下

ゴムの気体を透す性質についてはトムソンのエアリアルホイールの項で述べましたが(２章－４参照)、そのプロセスは①圧力の高いタイヤ内の空気の分子(99％が窒素と酸素)がゴムの中に入る(溶解)、②ゴムの内部に広がる(内部で拡散)、③圧力の低い外側に出ていく(外部へ拡散)というもので、“気体透過性”

と呼ばれています。タイヤの気体透過性は原料ゴムの種類はもちろん、カーボンブラックやシリカなど配合剤の量やタイヤサイズ、使用条件などによって変わります。JATMAでは過去の事例から、図10-3のように、1ヶ月で5％程度を乗用車用タイヤ空気圧低下の目安としています[5)]。

乾いた空気の78％は窒素で21％が酸素、1％がアルゴンや二酸化炭素などです。気体透過性は“透過度”で比較されますが、インナーライナーの素材であるブチルゴムで窒素の透過度が酸素の25～30％と小さいことから[6)]、窒素ガスを充填すると空気圧が下がりにくいという話があります。しかし上記のように、気体透過性は条件によって変化します。8割の窒素を9割にしたところで、日常的な使用環境の中で実際に分かるような違いが出るはずはありません。過酷な条件下で使用される航空機タイヤやレーシングタイヤなどでは、それぞれ理由があって窒素ガスを使用していますが、空気圧の低下とは無関係です。

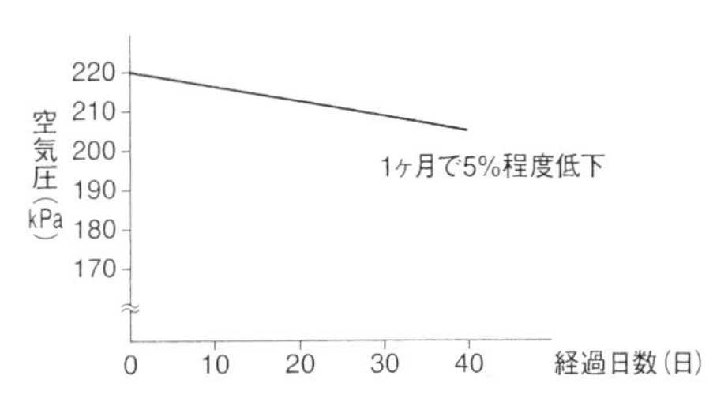

図10-3　乗用車用タイヤの空気圧低下状況（イメージ）[5)]

タイヤの組み立てと空気圧の低下

タイヤの組み立てがタイヤチェンジャーを使って正しく行われれば、ビード部から空気が漏れることはまずありません。しかし、稀ですが外したタイヤの残りかすなど微小な異物の挟まりや、作業中にできたわずかな傷、リムの歪みなどによる嵌合不良など、様々な原因で空気が漏れることがあります。

また、タイヤは8章末のコラム「タイヤの成長と有効数字」で述べたように、リムに組み付け、空気を入れてから暫くは寸法が大きくなるため、空気圧が下がります。新車は納車1ヶ月後の無料点検でタイヤの空気圧、ホイールナット・ボルトの緩みがチェックされます。タイヤ販売店で新品に交換したときにも、同様に1ヶ月後の空気圧とナットの緩みの点検が必要です。

4. 空気圧の点検

エアバルブの構造

エアバルブは自動車への空気入りタイヤ装着が始まった1890年代の後半に、アメリカのオーガスト・シュレーダーによって自転車のチューブ用として発明され、後に改良されたもので、サイクル業界では“米式バルブ”と呼ばれています。

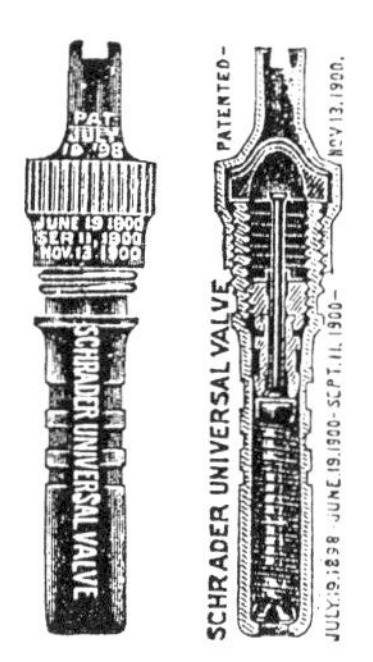

図 10-4　シュレーダーバルブ[7]

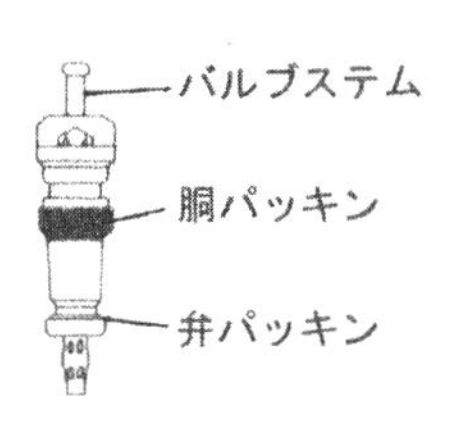

図 10-5　バルブコア

バルブの中には俗に“虫”と呼ばれている図10-5のような“バルブコア”が入っており、図10-6の作動図のように、バルブステムを押すと、バネで閉じられている弁パッキンシール部が開いて空気が出入りする仕組みになっています。バルブコアはタイヤパンク応急修理キットの中にあるので手にとってよく見てください。空気は弁パッキンの 2 mm に満たないわずかな隙間から出入りし、ここにゴミが付くとエアが漏れることがあります。また、バルブコアはコア回しでバルブにねじ込んでありますが、空気は胴パッキンとバルブの間でシールされているので、締め付けが不充分だったり、異物があったりするとエア漏れの原因になります。

空気を充填したり空気圧を測定したあと、バルブ口に石鹸水を付けるなどし

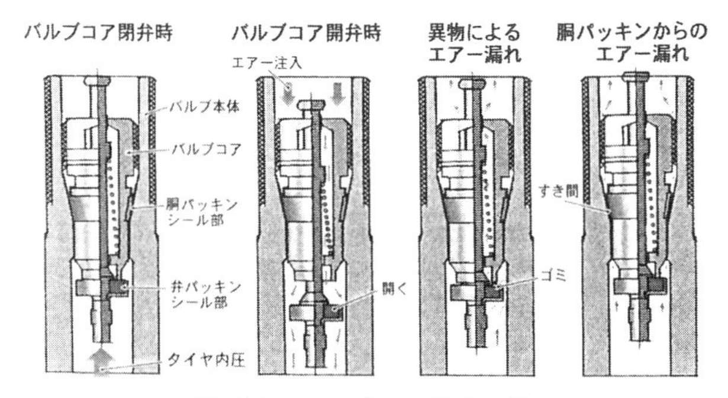

図 10-6　バルブコア作動図[8]

てエア漏れをチェックし、ウエスで拭いて、水やゴミなどが入らないようにキャップを取り付けます。

空気圧の測定

空気圧の測定については、JAFのホームページにある「タイヤの空気圧点検と充填方法」などに詳しい説明がありますが、要はエアゲージのホースの先に付いているチャックの中の小さな突起でステムの先端を押し、空気をゲージの中に入れて、表示される圧力を読み取ります。簡単そうですが、チャックをバルブの口にまっすぐに当て密着させるにはコツがあって、少しでも斜めになっていたり押す力が弱いとエアが漏れて測れないので要注意です。

2019(平成31)年4月、"タイヤの日"(例年4月8日)の安全啓発活動のひとつとして日本自動車タイヤ協会(JATMA)によって全国の9ヶ所で自動車タイヤの点検とドライバー336人を対象としたアンケート調査が行われました[9)]。その中に「エアゲージを使用したタイヤの点検は主に誰が行っていますか？」という質問があり、図10-7のような回答がありました。また「その頻度はどれくらいですか？」という質問に対しては図10-8のような回答が得られています。

グラフから、空気圧を自分で測定しているドライバーは22%で、月1回以上測っている人17%に近い値なので、大まかには5人に1人がエアゲージで月1回以上空気圧を測定し、多くの人は、給油やカーディーラーでのクルマの点検整備などのついでに空気圧の調整をしてもらっていると考えられます。

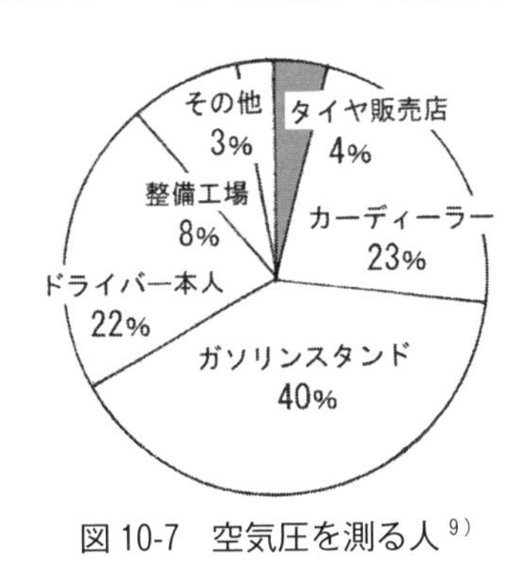

図 10-7　空気圧を測る人[9)]

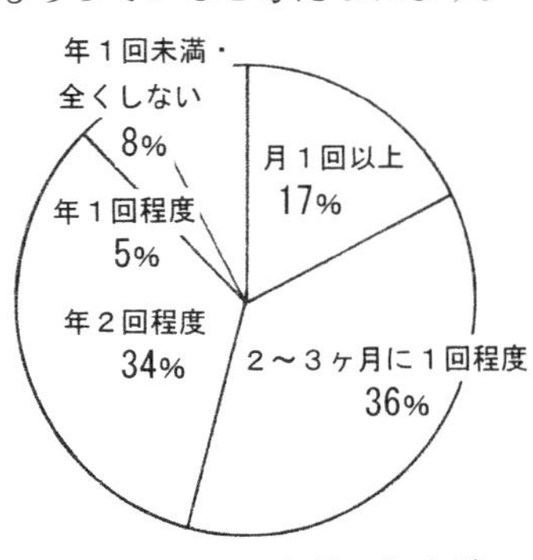

図 10-8　空気圧点検の頻度[9)]

5. タイヤのメンテナンスは販売店で

タイヤ点検をする人

前項のJATMAによるアンケートの項目に「空気圧以外のタイヤ点検は主に誰が行っていますか？」という質問があり、その回答が図10-9のようにまとめられています。

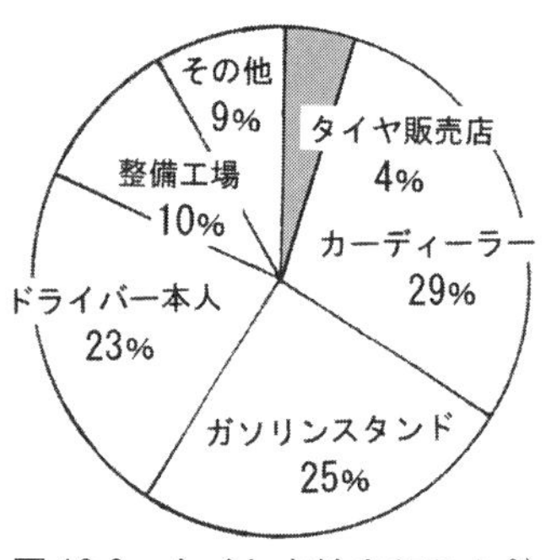

図 10-9　タイヤ点検を行う人[9)]

前頁の図10-7「空気圧を測る人」のグラフと比較して異なっているのは、ガソリンスタンド(SS)の項で、図10-7ではSSで空気圧を測ってもらっている人は40％もいますが、図10-9のタイヤ点検では25％と少なくなっています。そして、空気圧も合わせてタイヤの点検を販売店で受けている人は、わずか４％にとどまっています。

総じて言えることは、タイヤの点検は自分で行う人もいますが、多くの人はクルマの点検整備の折にカーディーラーで行ってもらい、空気圧については給油のついでにSSで行ってもらう傾向があるということでしょう。

しかし今、ガソリンスタンドの数は減少の一途をたどっています。経済産業省の統計によると[10)]、全国のSSの数はハイブリッド車プリウスが発売される前の1995(平成７)年に約５万ヶ所あったものが、2018(平成30)年には約３万ヶ所になりました。そのうち、約１万ヶ所がセルフSSなので[11)]、スタッフからサービスを受けることができるガソリンスタンドは約２万ヶ所とかつての４割で、今後も電気自動車が増えるにしたがって少なくなることは明らかです。

空気圧の点検と調整

また、見てきましたように「月１回以上の空気圧点検」を実行している人は、JATMAの2019年のアンケート調査で５人にひとり、2020年の実態調査では４人にひとりというのが現状です。その主な理由は、７割以上の人が空気圧点検の必要なことを理解しておらず、また半数近い人が空気圧をチェックする方法を知らないためということでした。

このような現況を考えると、社会常識として、タイヤ空気圧の点検と調整は、給油やクルマの整備のついでではなく、タイヤの販売店で受けるのが普通になることが望ましいのではないでしょうか。一般のタイヤ販売店では、空気圧の減り具合や4本のタイヤの摩耗の状態を確認し、そのクルマに最も適した空気圧に調整することはごく普通のこととして行われています。

溝深さのチェックとタイヤローテーション

一般にタイヤの摩耗寿命は6万～10万kmと言われています(7章－7参照)。寿命に幅があるのはトレッドの摩耗が使用条件によって変わるのがその理由ですが、残溝があってまだ使えそうなタイヤが偏摩耗によって廃品になるケースが多いことも原因のひとつです。ファミリーカーに多い前輪駆動のFF(FWD)車は前輪の荷重負担が大きく、後輪の2～3倍も早く摩耗するのが普通で、10章－2で述べたように、トレッドをよく見るとほとんどのタイヤに様々な形で偏摩耗が発生しています。

前後左右のタイヤの摩耗を均等にして寿命を延ばすために、クルマの取扱説明書では装着位置の交換が勧められています。通常5000kmごとが目安となっていますが、距離と同時にタイヤの摩耗状態をよくチェックした上での交換が必要です。4本のタイヤが同時に交換時期の五分山になるようにローテーションを行うには担当スタッフの経験と勘が求められます。

なお、四国・九州の積雪のない地域を除いて北海道・東北・北陸・長野などを中心に、冬季には全国でスタッドレスタイヤが使用されています。JATMAのタイヤ販売実績統計によると、1983(昭和58)年に販売が始まったスタッドレスタイヤ(3章－15参照)の本数が市販用自動車タイヤ本数に占める割合は1990年代に3割に達し、2010年代は31～35%で推移しています。ユーザーは、初冬にスタッドレスタイヤに履き替え、春先に夏タイヤに戻すとき、当然のことながら販売店でタイヤの点検サービスを受けており、安全・安心でクルマを走らせています。

6. 一人ひとりの省資源

タイヤの点検整備

クルマは道路運送車両法によって、日常的に目視等によって15項目の点検が求められており、その中に①タイヤの亀裂・損傷有無、②タイヤの空気圧、③タイヤの溝深さの３項目があります。国土交通省のホームページ「自動車の点検整備」の項に、その具体的な方法が次のように示されています。

①タイヤの亀裂・損傷の有無：タイヤの亀裂や損傷の有無を目や手で確認するとともに、タイヤに異物が付着していないかを入念に点検します。タイヤにかみ込んだ異物はきれいに取り除きましょう。また、タイヤが片減りしている場合は要注意。整備のプロに相談しましょう。

②タイヤの空気圧：タイヤ接地部のたわみ具合を目で見て判断しましょう。接地部のたわみ具合で判断ができなければタイヤゲージを使って点検しましょう。タイヤの空気圧が不足している場合は、指定空気圧まで補充しましょう。

③タイヤの溝深さ：タイヤの溝の深さが浅くないかをタイヤの接地面のスリップサインを目印に、チェックします。スリップサインは溝の深さが1.6mm以下になると、現れます。溝の深さが足りないと、スリップしやすくなり、雨天走行時はとても危険です。サインが現れたら、早急にタイヤを交換しましょう。
※スリップサインは、タイヤ側面の三角マークのある位置の接地面に出ます。

補足１：②の中の「接地部のたわみ具合」について

空気圧の不足を接地部のたわみ具合で判断できるのは概(おおむ)ね60シリーズのタイヤまでで、55シリーズ以下の超偏平タイヤでは空気圧が下がっていてもよくわかりません[12)]。タイヤゲージでの点検が勧められていますが、これらのタイヤは空気の量が少ない上に圧力が高めで空気圧の測定は簡単ではなく、９章－４で紹介したタイヤ空気圧モニタリングシステムの取り付けをお勧めします。

補足２：③の「タイヤ交換の必要な溝深さ」について

法の上ではスリップサインが現れるまで走れることになっていますが、タイヤの摩耗限度表示の項(７章－６)で述べたように五分山になったら新品に交換しましょう。

エコドライブで省資源

2020（令和２）年１月、エコドライブ普及連絡会から『エコドライブ10のすすめ』改訂版が発行されました。この会は警察庁、経済産業省、国土交通省と環境省で構成され、1997（平成９）年のCOP３で採択された京都議定書の温室効果ガス排出量の削減目標達成手段のひとつとして、平成15年度に設定された省庁の連絡会です。燃料消費量やCO_2排出量を減らし、地球温暖化防止につなげる“運転技術”や“心がけ”が10項目にまとめられています。詳しくはウェブサイト「エコドライブ10のすすめ」をご覧ください。

『エコドライブ10のすすめ』

１．自分の燃費を把握しよう

２．ふんわりアクセル「eスタート」

３．車間距離にゆとりをもって、加速・減速の少ない運転

４．減速時は早めにアクセルを離そう

５．エアコンの使用は適切に

６．ムダなアイドリングはやめよう

７．渋滞を避け、余裕をもって出発しよう

８．タイヤの空気圧から始める点検・整備

タイヤの空気圧チェックを習慣づけましょう（※１）。タイヤの空気圧が適正値より不足すると、市街地で２％程度、郊外で４％程度燃費が悪化します（※２）。※１：タイヤの空気圧は１ヶ月で５％程度低下します。※２：適正値より50kPa（0.5kg/㎠）不足した場合。

９．不要な荷物はおろそう

10. 走行の妨げとなる駐車はやめよう

「タイヤ空気圧のチェック」徹底を期して、ガソリンスタンドや充電施設、高速道路のサービスエリア、道の駅、できればスーパーやコンビニなど、クルマが利用するあらゆる場所に空気圧の点検とエアの補充ができるサービスステーションを設け、気軽に利用できるようになってほしいものです。

おわりに

内部構造や動作原理は分からないが、機能や使い方を知っていれば便利に利用できる装置やシステムは、ブラックボックスと呼ばれています。乗用車の部品は次々とブラックボックスになっていますが、それが最も早かったのは1900年代中頃に始まったタイヤではないでしょうか。タイヤの内部構造や動作原理が分かりにくいのには、三つの理由が考えられます。

そのひとつは、タイヤが「ホイールに組立て、空気を充てんして車体に組み付け、路上を転がしてはじめて機能が生まれるクルマの部品である」ということです。このため、タイヤの性能特性は、①サスペンションのセッティング、②路面の状態と、③ドライバーのドライビングテクニックなどによって大きく変わり、その正体がとらえにくいのです。

二つめは、タイヤが「配合ゴム・繊維・鉄という、全く性質の異なった原材料の複合体である」ということです。目的にかなった性能特性のタイヤを作るには、それぞれの材料の性質、量、配置を見極めて適正に選ばなくてはなりません。コンピュータを駆使して、ある程度は予測できるようになっていますが、最終的にはクルマに付けて走らせてみないと性能特性が確認できないという憾みがあります。（4章－4新車用タイヤの項参照）

さらに、タイヤの働きの拠り所のひとつ“弾性”が、私たちが日常的に経験して知っている“固体のエネルギー弾性”とは異なり、“ゴムと空気のエントロピー弾性”であることが、性能特性の理解を難しくしています。（5章－2エントロピー弾性の項参照）

このように、複雑で分かりにくいタイヤの性能特性をまとめ、理解するにはどうすればよいのか。ずっと考え続けていましたが、ある時、ふと気付いたのは、「空気入りタイヤは、1845年のトムソンによる発明以来、基本的な機能・動作原理・外観が変わっていない」という事実です。原点に遡って主材料である天然ゴムの発見から始め、タイヤ開発の歴史をたどっていけば、その全貌が見えてくるのではないか。
グランプリ出版の小林謙一さんとの打ち合わせの中で、このことをお話ししたところ、当時トヨタ博物館に在籍していた齋藤武邦さんを紹介いただきました。愛知県長久手市にあるトヨタ博物館には、誕生以来の世界の自動車が展示されているだけでなく、クルマにかかわる多数の資料や書籍のコレクションがあり、その一部がライブラリーで公開されています。
ライブラリーには、国内では知る人が少ないと思われる、1900年代前半に出版されたタイヤの専門書や、タイヤに関する記事を掲載した自動車技術解説書が数多くあり、戦前のタイヤについて多くの知見を得ることができました。中でも、齋藤さんから稀覯本として見せていただいた、1910(明治43)年刊行のH・C・Pearson著『Rubber Tires and All About Them』には驚きました。本書にはタイトルの通り、当時市販されていたタイヤの構造を中心に、その歴史や製造技術などタイヤについての全てが紹介されています。この本から、ミシュラン兄弟が挑戦した1895年のグレートレースのわずか15年後には、バイアスタイヤの基本的な構造がほぼ固まっていたことが分かりました。
さらに小林さんの紹介で、自動車歴史考証家の佐々木烈さんから多くの資料を提供いただきましたが、有難いことに、この本のコピーが添えてありました。佐々木さんは、本書を自動車部品としてのタイヤの歴史を調べる上で欠かせない重要な文献として、国立国会図書館に所蔵されている原書のコピーを入手され、『日本自動車史』(三樹書房、2004年)執筆の参考にされたようです。
本格的な開発が進んだ、1950年代以降のタイヤについては資料が豊富にあります。執筆は、「注記・参考文献」でご紹介した、JATMAから発行されている資料や、『日本ゴム協会誌』、『自動車技術』、そして住友ゴム工業㈱から提供いただいた資料、ゴム・タイヤ関係の書籍などを参考に進めました。
『日本ゴム協会誌』は㈳日本ゴム協会の会誌で、ゴム・エラストマー・ソフトマテリアルの最新技術や話題が掲載されており、1944(昭和19)年以降の内容を「電子アーカイヴスJ-STAGE」で閲覧することができます。『自動車技術』は㈳自動車技術会の会報で、発行後5年を経過した論文は「JASE Paper Archives」

によって無償で公開されており、自由に読むことができます。

本書は、これらの文献・資料から多くの学恩を頂いて執筆しました。関係各位に衷心より御礼申し上げます。また、JATMA、JAFや各地のタイヤショップの皆さんからも多くの情報をいただきました。とくに佐々木烈、齋藤武邦、小林謙一の皆さんのご援助に対し、厚く御礼申し上げます。

また、本書の出版にあたりましては、グランプリ出版の山田国光さん、担当いただいた中島匡子さん、武川明さんほかスタッフの皆さんには大変お世話になりました、心からお礼申し上げます。皆様、本当にありがとうございました。

馬庭孝司

注記・参考文献

まえがき

1）ウェブサイト〔自動車新時代戦略会議－経済産業省〕

2）田面木啓介「我が国の燃費及び排出ガス規制の動向」『自動車技術』Vol. 73, No. 9, 2019

3）ウェブサイト〔日本のタイヤ産業〕JATMA(日本自動車タイヤ協会)から発行され、毎年更新されています。

第1章　ゴム産業の始まり

1）ウェブサイト〔日本のタイヤ産業－日本自動車タイヤ協会〕

2）日本ゴム協会『ゴム技術入門』丸善㈱、2004年

3）京都文化博物館学芸課『古代メキシコ・オルメカ文明展－マヤへの道』「古代メキシコ・オルメカ文明展－マヤへの道」実行委員会、京都文化博物館、2010年。図1-2および図1-3は、本図録に掲載されている写真をスケッチしたものです。

4）青山和夫『古代メソアメリカ文明』講談社、2007年

5）こうじや信三『天然ゴムの歴史』京都大学学術出版会、2013年

6）L・H・ブロックウェイ『グリーンウェポン』小出五郎訳、社会思想社、1983年。成沢慎一「天然ゴムの歴史」『日本ゴム協会誌』第55巻、第10号、1982年

7）中川鶴太郎『ゴム物語』大月書店、1984年。「天然ゴム文化圏概念図」のヘベア・ブラジリエンシス自生地は本書に掲載されている図を参考に作成しました。また、コロンブスの第2次航海ルートは〔『コロンブス全航海の報告』林屋永吉訳、岩波書店、2011年〕に依っています。なお、メソアメリカ文明圏は遺跡の分布図から推定したものです。

8）フランク・B・ギブニー『ブリタニカ国際大百科事典』7、ティビーエス・ブリタニカ、1995年。「ゴム」の条に、歴史・原材料・加工工程・消費の4項目を設け、20世紀のヨーロッパにおけるゴム工業の現状がまとめられています。

9）S・S・ピックルズ「ゴムの製造と利用」『技術の歴史』第10巻 鋼鉄の時代 下、鈴木高明訳、筑摩書房、1979年。図1-5は本書の図402「1856年に製造され、機械の適用にもちいられたゴム製品の実例(ハンコック)」を参考に作成しました。オリジナルは6)成沢慎一「天然ゴムの歴史」に掲載されています。

10）P. ロバートソン『世界最初事典』大出健訳、講談社、1982年。原書は1974年にイギリスで出版された『The Shell Book of Firsts』

11）Henry・C・Pearson『Rubber Tires and All About Them』The India Rubber Publishing Company, New York, 1906

12）アンドレ・モロワ『英国史』(下)、水野成夫ほか訳、新潮社、1958年。本書ではイギリ

ス産業革命を経済制度の変革としていますが、産業革命は1880年代にイギリスの歴史・経済学者アーノルド・J・トインビーによって学術用語として定義され、以後18世紀後半に始まった社会の大変革として、多くの研究者によって膨大な産業革命論が書かれています。その期間1760年から1815年は、江戸時代後期初め頃の宝暦10年から文化12年に相当します。

13）金子秀男『増補 応用ゴム加工技術12講』（上巻）、大成社、1975年。ゴム製品の製造技術が具体的かつ詳細に述べられており、著者による『応用ゴム物性論20講』とともにゴム技術書の古典となっています。

14）奥山道夫ほか『ゴムの事典』朝倉書店、2000年

15）D・ダウソン『トライボロジーの歴史』「トライボロジーの歴史」編集委員会訳、工業調査会、1997年。車輪の技術史については〔L・タール『馬車の歴史』野中邦子訳、平凡社、1991年〕に詳細な論説があります。

第2章　空気入りタイヤの誕生

1）グリニス・チャントレル編『オックスフォード英単語由来大辞典』柊風舎、2015年

2）L・タール『馬車の歴史』野中邦子訳、平凡社、1991年。訳者あとがきに、本書は『The History of Carriage by Laszlo Tarr, translated by Elisabeth Hock, Vision Press Limited, 1969』の翻訳で、古代から近世に至る馬車の歴史を通観した絵巻物であり、日本のみならず、西欧においても比類のない研究書と紹介されています。

3）エリック・エッカーマン『自動車の世界史』松本廉平訳、グランプリ出版、1996年。L・タール『馬車の歴史』によれば、図2-5のタイプの馬車は1838年、当時イギリスの大法官だったブルーム卿のために試作され、車体を楕円形スプリングの上に置いた画期的なタウン・クーペの祖先で、その直系、傍系の子孫が19世紀の大都会の道路にひしめき合ったということです。

4）S・S・ピックルズ「ゴムの製造と利用」『技術の歴史』第10巻 鋼鉄の時代 下、鈴木高明訳、筑摩書房、1979年

5）堺憲一『だんぜんおもしろいクルマの歴史』NTT出版、2013年

6）R・J・フォーブズ「道路」『技術の歴史』第8巻 産業革命 下、森麟訳、筑摩書房、1963年。1600年頃から1900年頃までの道路にかかわる技術の歴史が詳細に述べられています。

7）ドラゴスラフ・アンドリッチほか『自転車の歴史』古市昭代訳、ベースボール・マガジン社、1992年。図2-11のトライシクルの図は、本書に掲載の図を参考に作成しました。

8）Henry・C・Pearson『Rubber Tires and All About Them』The India Rubber Publishing Co., New York, 1906。

「エアリアルホイール」説明の原文は以下の通りです。

His patent, issued in England as No. 10,990 of 1845, related to "the application of elastic bearings round the tires of wheels of carriages, rendering their motion easier and diminishing the noise they make while in motion." He suggested using for this purpose "a hollow belt" composed of india-rubber or gutta-percha, and inflating it with air, "whereby the wheels will at every part of their revolution present a cushion of air to the ground, or rail, or track which they run." This elastic belt, as Thomson called his air tube, he made of several thicknesses of canvas, each saturated with rubber in state of solution, and laid one upon another, all being cemented together with more rubber solution, after which the tube was vulcanized. Leather was used for the cover, or outer casing, and the tire was inflated with a "condenser" not unlike a modern cycle tire inflater.

9）P. ロバートソン『世界最初事典』大出健訳、講談社、1982年

10）G. R. Shearer : The Rolling Wheel — The Development of the Pneumatic Tyre, The Institution of Mechanical Engineers, Proceedings 1977, Vol. 191 11/77

11）T・アンブローズ『図説自転車の歴史』甲斐理恵子訳、原書房、2014年

12）フランク・B・ギブニー『ブリタニカ国際大百科事典』8、ティビーエス・ブリタニカ、1995年

13）スポークホイールの図は『JIS D9311自転車組立作業方法』解説図1により作成しました。

14）堺市にある「自転車博物館サイクルセンター」にクラシック自転車が数多く展示されており、オーディナリーが走っている映像を見ることもできます。

15）日本自転車史研究会『VELOCIPEDES』復刻出版、1982年。原書は『ROUTLEDGE AND SONS』1869

16）ダンロップによる空気入りタイヤの実用化は、自動車技術史上重要な出来事なので、数多くの書籍や論文に様々なエピソードが書かれており、事実がどうであったのかよくわかりません。1983(昭和58)年に住友ゴム工業の傘下に入った元英国ダンロップ社のSP Tyres UK Limitedから、ダンロップによる空気入りタイヤの実用化成功100年を記念して1988(昭和63)年に刊行された『The First Hundred Years of Pneumatic Tyres』(住友ゴム発行の日本語版あり)には、その経緯が次のように記されています。

It was there in 1888 that his ten years old son, John asked "Daddy, can you please make my tricycle go faster and ride more comfortably?" Dunlop applied his fertile mind to his son's request and was soon experimenting with his first pneumatic tyre, a rubber tube and canvas contraption riveted around a wooden disk.

He discovered that his pneumatic tyred wheel rolled more easily and much further than the solid rubber wheel that he had removed from the tricycle. He then added a tread, made of sheets of rubber, to his design and attached these primitive pneumatic tyres to each wheel of John junior's tricycle. On 28th February 1888, these were put to the test over rough ground with no damage or adverse effect to the surface of the tyre. Young John was well pleased and the future of tyre design had begun.

J. B. Dunlop ordered a bicycle with spoke wheels and extra wide rims from local manufacturer. He 'bandaged' his tubes onto the rims with lengths of rubberized canvas wrapped through the spokes. Aptly named the 'mummy tyre' , one of these tyres still remained inflated after being ridden on for 2,000 miles. In June 1889, W. Hume, a novice racing cyclist, entered events at Queen's College Sports in Belfast on a bicycle fitted with these revolutionary Dunlop tyres. Though spectators made fun of the "sausage" tyres, Hume had the last laugh when he won all the races he entered, easily brushing aside expert competitors using solid tyres.

17）昭和７年に芝自動車学校出版部から発行された作田頼正著『最新自動車読本』にクリンチャー式タイヤのリムからの取り外し方が下図のように示されています。

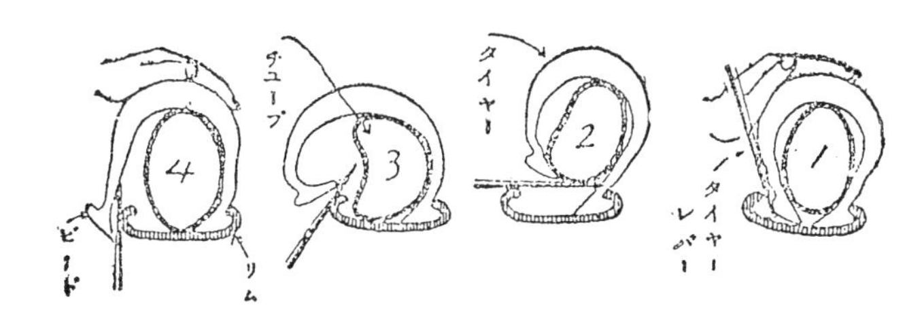

クリンチャー式タイヤの取り外し方法

第３章　乗用車用タイヤの変遷

１）堺憲一『だんぜんおもしろいクルマの歴史』NTT出版、2013年

２）J・イクス『パリ＝ボルドー間「グレート・レース」』樋口健治訳、日経サイエンス、1984年

３）高齋正『パリ～ボルドー1895』インターメディア出版、2000年

４）ミシュランジャパングループ『ミシュランの歴史』日本ミシュランタイヤ、2014年

５）佐々木烈『日本自動車史』三樹書房、2004年

６）差動装置(ディファレンシャル略してデフ)は、変速機からのトルクを左右のタイヤ(駆動輪)に分け、双方に等しい駆動力を伝えながら回転差(差動)を与える装置で、図のよう

な構造になっています。その仕組みは、

①直進しているとき：ピニオンドリブンギヤは回転せず、デフが一体となって回るので、左右のドライブシャフトに同じ回転力(駆動力)が伝わり、同じ速さで回転します。

②カーブを曲がるとき：相対する2つのピニオンドリブンギヤが逆方向に回ることによって左右のサイドギヤの回転速度が変わり、コーナーに対して外側のドライブシャフトが内側のシャフトより速く回転します。これによって外側のタイヤが内側のタイヤより速く回転し、クルマはスムーズに曲がることができます。

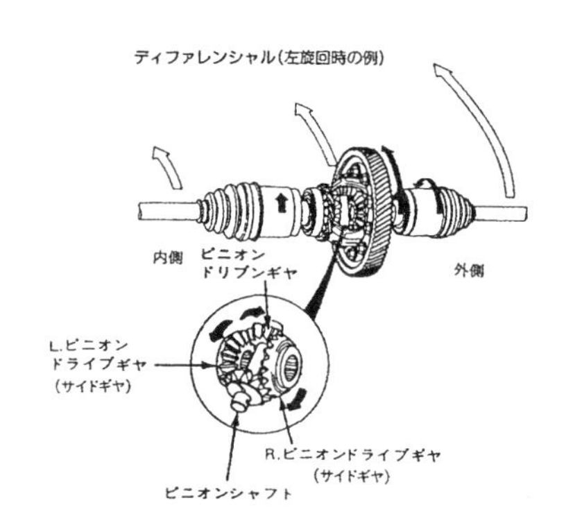

この装置がない場合、左右の後輪(駆動輪)タイヤは常に同じ駆動力、同じ速度で回転するので、クルマには常に直進方向に向かう力が働きます。カーブを曲がるときハンドルが切られると前輪は曲がる方向に進みますが、後ろの駆動輪はまっすぐに進もうとするので無理が生じ、左右いずれか、または両輪が滑りながら曲がるため、クルマの動きがぎくしゃくすることになります。(図は〔GP企画センター『増補二訂 自動車用語辞典』グランプリ出版、2016年〕より転載)

7）T・アンブローズ『図説自転車の歴史』甲斐理恵子訳、原書房、2014年

8）NHK『人間は何をつくってきたか』②自動車、日本放送出版協会、1980年。図3-2は本書の「パリ＝ボルドー・レースコース図」より作成しました。

9）エリック・エッカーマン『自動車の世界史』松平廉平訳、グランプリ出版、1996年

10）SP Tyres UK Limited『The First Hundred Years of Pneumatic Tyres』SP Tyres UK Limited, 1988

11）服部六郎『タイヤの話』大成社、1986年

12）Ben G Elliott『The Automobile Chassis』Mc Graw-hill Book Company, 1923

13）Henry C Pearson『Rubber Tires and All About Them』The India Rubber Publishing Co., 1906

14）馬庭孝司『自動車タイヤの知識と特性』山海堂、1979年。この簡単な横溝をつけたタイヤは「佐々木烈『日本自動車史写真・史料集』、三樹書房、2012年」に掲載されている1910年のフォードなど初期の自動車の写真に、パターンのないタイヤに次いで数多く見受けられます。

15）石川泰弘『タイヤ技術の系統化』国立科学博物館技術の系統化調査報告第16集、国立科学博物館、2011年

16）佐々木烈『日本自動車史写真・史料集』、三樹書房、2012年
17）荒井久治『自動車の発達史』〔下〕、山海堂、1995年
18）中川鶴太郎『ゴム物語』大月書店、1984年。このゴム・ブームによる需要の激増と価格の上昇によって、多くのゴム商人がアマゾン河流域に入り、現地住民を駆り出して野生ゴムの採取に当たらせました。そして、ジャングルでの酷使によって数千人のインディオが惨めな死をとげ、ゴムの樹が数千本、また数千本と乱獲によって枯死したということです。この事実はイギリスが東南アジアの植民地でヘベア樹の栽培を始める動機のひとつでもありました。図3-10は、本書に掲載されている図を、地名を2020年現在のものに改めて作成しました。
19）L・H・ブロックウェイ『グリーンウェポン』小出五郎訳、社会思想社、1983年
20）成瀬慎一「天然ゴムの歴史」『日本ゴム協会誌』、第55巻、第10号、1982年
21）こうじや信三『天然ゴムの歴史』京都大学学術出版会、2013年
22）浅井治海『ゴムの実際知識』東洋経済新報社、1974年
23）編集委員会「ゴム技術の発展について―自動車タイヤはなぜ黒いのか??―」『日本ゴム協会誌』第84巻、第12号、2011年
24）渡邉徹郎『タイヤのおはなし』改訂版、日本規格協会、2002年
25）ブリヂストン『自動車用タイヤの基礎と実際』山海堂、1985年
26）齊藤俊彦『人力車の研究』三樹書房、2014年
27）佐野裕二『自転車の文化史』文一総合出版、1985年
28）日本ゴム工業会『日本ゴム工業史』第一巻、東洋経済新報社、1969年
29）佐々木烈『日本自動車史Ⅱ』、三樹書房、2005年
30）創業八十周年社史編纂委員会『住友ゴム八十年史』住友ゴム工業、1989年
31）ウェブサイト〔歴史－Continental〕で検索、コンチネンタル社企業情報
32）馬庭孝司『ドライバーのためのタイヤ工学入門』グランプリ出版、1989年
33）JATMA『自動車用タイヤの選定、使用、整備基準』2020乗用車タイヤ編、日本自動車タイヤ協会、2020年
34）自動車工学全書編集委員会『自動車工学全書』12巻 タイヤ、ブレーキ、山海堂、1980年
35）多田宏行『〔新編〕語り継ぐ舗装技術』鹿島出版会、2011年
36）創立五十周年社史編纂委員会『ブリヂストンタイヤ五十年史』ブリヂストンタイヤ、1982年
37）ウェブサイト〔自動車春秋社タイヤメーカーランキング〕
38）平田靖『タイヤの変遷について』日本ゴム協会誌、第68巻、第１号、1995年
39）森江健二『カー・デザインの潮流』中央公論社（中公新書）、1992年
40）大車輪特別取材チーム「交通違反の国際比較」『大車輪』三栄書房、2003年。アウトバ

ーンにおける交通状況については、ウェブサイト〔アウトバーンの走り方〕で検索
41）御堀直嗣『タイヤの科学』講談社、1992年
42）ジャパンライトアロイホイールアソシエイション『ホイールの誕生、そして進歩と発展の歩み』JAWA、1997年
43）ウェブサイト〔東京オートサロン〕
44）GP企画センター『日本自動車史年表』グランプリ出版、2006年
45）『自動車技術』は公益社団法人自動車技術会の会報で、会が創立された1947(昭和22)年の８月号以来毎月発行されており、1966(昭和41)年からは４月から８月にかけてのいずれかの月に“特集：年鑑”号があって、前年の自動車及び関連分野の諸情勢／技術動向が分野別に総括されています。
46）JATMA『50年のあゆみ』日本自動車タイヤ協会、1997年
47）仙台弁護士会『スパイクタイヤ粉じん発生防止法』ぎょうせい、1991年
48）土井昭政「各国のスパイクタイヤ規制状況」『自動車技術』Vol. 41, No. 11, 1987。橋本佳昌「冬用タイヤの歴史」『日本ゴム協会誌』第94巻，第８号，2021年
49）細谷四方洋『トヨタ2000GTを愛した男たち』三恵社、2016年

第４章　タイヤの構造と「担う」働き

1）日本自動車タイヤ協会『2019年版 JATMA YEAR BOOK』日本自動車タイヤ協会。毎年１月、日本語版と英語版が発行されています。
2）飯田広之「タイヤの安全性評価」『自動車技術』Vol. 66, No. 7, 2012
3）服部六郎『タイヤの話』大成社、1986年
4）馬庭孝司『自動車用タイヤの知識と特性』山海堂、1979年
5）金子秀男「自動車タイヤ・チューブ」『日本ゴム協会誌』第54巻、第12号、1981年
6）菊池五郎『自動車工學』岩波書店、1938年
7）月刊タイヤ「日本国内におけるオールシーズンタイヤの現状とこれから〔GOODYEAR〕」『月刊タイヤ』第52号、第３号、2020年

第５章　タイヤ用ゴムの成り立ち

1）ゴムの粘弾性については第６章のコラム(146頁)に概要をまとめています。
2）阿波根朝浩「ゴムの力学入門」『日本ゴム協会誌』第69巻、第３号、1996年。ゴム分子については〔編集委員会「入門講座 やさしいゴムの化学 第１講 ゴム化学の扉」『日本ゴム協会誌』第75巻、第７号、2002年〕に詳しく述べられています。
3）エントロピーは、アメリカの南北戦争が終わった1865(慶応元)年、ドイツの物理学者クラウジウス(R. J. E. Clausius)が提唱した熱力学の専門用語で、系の無秩序さ、乱雑さの度

合いを表す量です。ゴムのエントロピー弾性については〔中川鶴太郎『ゴム物語』大月書店、1984年〕に詳しい解説があります。タイヤの空気圧による弾性もエントロピー弾性で、封じ込めた空気の窒素や酸素の分子が熱運動によって数百m/sのスピードでランダムな方向に飛び回り、インナーライナーに衝突して跳ね返ることによって生じます。固体でエントロピー弾性を示すのはゴムだけであり、空気入りタイヤはゴムと空気のエントロピー弾性の絶妙な組み合わせと言えます。

4）日本ゴム協会『新版 ゴム技術の基礎』改訂版、日本ゴム協会、2002年

5）日本ゴム協会 配合技術研究分科会編「やさしいゴムの加工技術 第1講 配合技術 原料ゴムの基礎」『日本ゴム協会誌』第92巻、第1号、2019年。原料ゴムの基礎的な知識をまとめて解説し、最近の原料ゴムの開発動向や新規技術などが述べられています。また、ゴム用原材料や配合技術の基礎に関する多くの文献が紹介されています。

6）田中康之「天然ゴムの構造」『日本ゴム協会誌』第55巻、第10号、1982年。近年の天然ゴムに関する研究の成果は〔河原成元「天然ゴムの構造と物性」『日本ゴム協会誌』第91巻、第5号、2018年〕にまとめられています。

7）共重合体は2種類以上のモノマーを組み合わせてつくられたポリマーを言い、モノマーの配列によって以下の4種類があります。

①ランダム共重合体：モノマーの配列がランダム（無作為）

②交互共重合体：モノマーが交互に配列

③ブロック共重合体：同じモノマーがつながってブロック（一連の分子鎖）状になったものが、ランダムあるいは規則的に配列

④グラフト共重合体：一方のモノマーが枝分かれして分岐状に配列

8）編集委員会「入門講座 やさしいゴムの化学 第2講 ゴムはどうやって作るの？ 重合の化学－1」『日本ゴム協会誌』第75巻、第9号、2002年

9）斎藤章「溶液重合SBR」『日本ゴム協会誌』第71巻、第6号、1998年

10）味曽野伸司「カーボンブラック入門」『日本ゴム協会誌』第70巻、第10号、1997年

11）旭カーボン㈱ウェブサイトより

12）編集委員会「ゴム技術の発展について－自動車タイヤはなぜ黒いのか??」『日本ゴム協会誌』第84巻、第12号、2011年

13）編集委員会「ゴムは充てん剤で強くなる 充てん補強の化学」『日本ゴム協会誌』第76巻、第11号、2003年。〔深堀美英「ゴムのカーボンブラック補強解明の新展開（上）」『日本ゴム協会誌』第83巻、第6号、2010年〕に、カーボンブラックの補強効果は次の4つの基本現象から生み出されるとあります。

①小変形下の応力（弾性率）の増大

②大変形下の急激な応力増大（逆S字的な応力立ち上がり）

③大変形下の大きなヒステリシスエネルギー(Mullins効果)
④破断強度、破断伸びの増大
14）カップリング剤：無機充填剤(カーボンブラック、シリカなど)の有機ポリマー(ゴムなど)への分散性・補強性を高める目的で使用される配合剤・表面処理剤で、双方の界面に作用して、両者を結合する働きがあります。分子の中に異なった種類の官能基をもち、一方はポリマーと、もう一方は無機充填剤と結合します〔日本ゴム協会『ゴム用語辞典』第3版、丸善出版、2013年〕。
15）日本ゴム協会 配合技術研究分科会編「やさしいゴムの加工技術 第3講 配合技術－配合設計の基礎」『日本ゴム協会誌』第92巻、第5号、2019年
16）編集委員会「原料ゴムからゴム製品になるまで」『日本ゴム協会誌』第84巻、第12号、2011年
17）編集委員会「入門講座 やさしいゴムの化学 第4講 ゴムはどうやって作るの？ 架橋の化学」『日本ゴム協会誌』第76巻、第3号、2003年
18）服部六郎『タイヤの話』大成社、1986年
19）原祐一ほか「環境に配慮したタイヤ用材料技術」『日本ゴム協会誌』第85巻、第6号、2012年
20）奥田慶一郎「現在のタイヤ産業を取り巻く環境」『自動車技術』Vol. 67, No. 4, 2013
21）JATMA『日本のタイヤ産業2020』日本自動車タイヤ協会、2020年

第6章　タイヤの転がり抵抗

1）自動車技術会編『自動車技術ハンドブック 1 基礎・理論編』自動車技術会、2015年
2）編集委員会「補講④」『日本ゴム協会誌』第83巻、第4号、2010年
3）近藤政市『基礎自動車工学 前期編』養賢堂、1965年。本書では、自動車の運動を考察するに当たって、タイヤ付き車輪の作動状態に以下の3種があることをあらかじめ承知しておくことが必要と述べられています。
① 純粋転動車輪：後輪駆動の自動車の前輪やトレーラーの車輪のように、前から引く力あるいは後ろから押す力が車軸に働いてころがっていく車輪で、このとき要する引く力または押す力に大きさ等しく向きが反対の力が接地部に働くと考え、これが本来の意味の転がり抵抗である。
② 被駆動車輪：後輪駆動の自動車の後輪におけるように、駆動トルクが働いている車輪。接地部は路面を後ろ向きに蹴るので前向きの駆動力を生ずる。
③ 被制動車輪：普通の全輪制動の自動車を制動するときの各車輪のごとく、制動トルクが働く車輪。このときタイヤ接地部には後ろ向きの力、いわゆる制動抵抗が働く。
4）ウェブサイト〔乗用車市場動向調査〕日本自動車工業会『2019年度乗用車市場動向調

査』2020年。この調査は全国の一般世帯における乗用車の保有、今後の購入意向などを調査し、需要の質的変化の見通しに役立てようと、1963(昭和38)年以降隔年ごとに行われ、ウェブで公開されています。日本自動車工業会(自工会)は自動車メーカー14社によって構成される一般社団法人です。
5）ウェブサイト〔乗用自動車の燃費に路面雪氷が及ぼす影響について〕大浦正樹ほか「乗用自動車の燃費に路面雪氷が及ぼす影響について」寒地土木研究所、2018年
6）ウェブサイト〔タイヤ／路面転がり抵抗の小さな低燃費アスファルト舗装技術の開発〕石垣勉ほか「タイヤ／路面転がり抵抗の小さな低燃費アスファルト舗装技術の開発」第30回日本道路会議、2013年
7）桑山勲ほか「次世代エコタイヤ技術開発」『自動車技術会論文集』Vol. 44, No. 6, 2013
8）自動車工学全書編集委員会『自動車工学全書 12巻 タイヤ、ブレーキ』山海堂、1980年
9）有限要素法については第8章注10)(236頁)に説明があります。
10）大沢靖雄「タイヤ設計を支えるシミュレーション技術」『自動車技術』Vol. 65, No. 1, 2011
11）横浜ゴム株式会社『自動車用タイヤの研究』山海堂、1995年
12）酒井秀男『タイヤ工学』グランプリ出版、1987年。タイヤのコーナリング性能については〔宇野高明『増補二訂版 車両運動性能とシャシーメカニズム』グランプリ出版、2020年〕にわかりやすい解説があります。
13）酒井秀男『走りをささえるタイヤの秘密』裳華房、2000年
14）JAF「空気圧不足でも起きるタイヤのバースト」『JAF Mate』2016年4月号
15）五島教夫「タイヤと燃費について」『自動車技術』Vol. 32, No. 5, 1978
16）北川雅史ほか「走行中のタイヤ温度と転がり抵抗の相関に関する一考察」『自動車技術会学術講演会前刷集』No. 40－11、2011年
17）中島幸雄「タイヤ技術の現状と将来」『日本ゴム協会誌』第85巻、第6号、2012年
18）編集委員会「ゴム弾性と粘弾性の基礎」『日本ゴム協会誌』第80巻、第10号、2007年

第7章　タイヤと路面の摩擦

1）芥川恵造ほか「タイヤの摩擦と粘弾性」『日本ゴム協会誌』第70巻、第4号、1997年
2）河上伸二ほか「ゴムのウェット摩擦係数と粘弾性値の関係」『日本ゴム協会誌』第61巻、第10号、1988年
3）ロバート・ボッシュ『ボッシュ自動車ハンドブック』第3版、小口泰平監修、シュタールジャパン、2011年(原書は『Automotive Handbook』6~8 th Edition, 2011)。表7-5について「路面、タイヤのトレッドパターン、およびタイヤのゴム混合率に大きく左右される」との註記があり、試験条件の記載はありません。ここでは参考データとして見てください。

4）保久原均ほか「路面とすべりの関係」『アスファルト』第46巻、第214号、2003年
5）酒井秀男『タイヤ工学』グランプリ出版、1987年
6）市原薫ほか『路面のすべりとその対策』技術書院、1997年
7）堀田暢夫「路面のすべり摩擦係数について」『開発土木研究所月報』№481、1993年。路面の滑りやすさを表現するのに「スキッドナンバー」が用いられることがあります。これは、アメリカ材料試験協会規格（ESTM E274）で規定された標準タイヤを用い、舗装路面でタイヤがロックした状態で得られた摩擦係数に、100を掛けた指数を言います。
8）JAF「濡れたマンホールのふたのスリップ事故」『JAF Mate』2018年６月号
9）安藤和彦ほか「路面のすべり摩擦と路面管理水準及びすべり事故」『土木技術資料』52－５、土木研究センター、2010年
10）W. B. Horne, U. T. Joyner：Pneumatic Tire Hydroplaning and Some Effects on Vehicle Performance, SAE P-970C, Jan. 1965
11）The Dunlop Co. Ltd.：Tyre tread, glass plate and high speed photography, Technical Presentation, Marketing Division, Serial No. 1460. H, September 1968.
12）㈱月刊タイヤ社「ハイドロ裁判、今後は有罪?!」『月刊タイヤ』８月号、1976年。本誌には大阪高等裁判所における第二審の判決文、全文が掲載されており、事故の原因から過失に相当するかどうかの判断に到るまで、事件の詳細を知ることができます。
13）JAF「雨と走る高速道路」『JAF Mate』1994年７月号。本誌には雨の日の交通事故の実例や運転のポイント、ハイドロプレーニング、排水性舗装など、濡れた路面を走行するのに必修の知識がまとめられています。
14）JATMA『50年のあゆみ』日本自動車タイヤ協会、1997年
15）JATMA『自動車用タイヤの選定、使用、整備基準』2020、乗用車タイヤ編、日本自動車タイヤ協会、2020年
16）JAF「雨天時にはじめて分かる摩耗タイヤの危険性」『JAF Mate』2015年６月号
17）ゴムの摩耗については〔内山吉隆「トライボロジー（摩擦・摩耗・潤滑の学問）の基礎から応用、最近の進歩 第５回 摩耗のメカニズム（１）『日本ゴム協会誌』第90巻、第８号、2017年〕、〔「同、第６回 摩耗のメカニズム（２）」『日本ゴム協会誌』第90巻、第10号、2017年〕に詳しい解説があります。タイヤの摩耗については〔中島幸雄「タイヤの摩擦力学研究の現状『日本ゴム協会誌』第88巻、第２号、2015年〕にまとめられています。
18）中島幸雄「タイヤの寿命予測技術」『高分子の寿命予測と長寿命化技術』エヌ・ティー・エス、2002年
19）タイヤの摩耗と空気圧や荷重などの使用条件、道路条件、気温の関係については、JATMAから発行されている『タイヤの知識』に図で示されています。またコーナリング時のトレッドの摩耗については〔酒井秀男「タイヤのトレッド摩耗に関する研究―スリップ角が小

さい場合の摩耗―」『日本ゴム協会誌』第68巻、第１号、1995年〕に実験結果の報告があります。
20）上山浩幸「氷雪路面におけるタイヤの摩擦特性」『タイヤ－車両系の最新技術』自動車技術会SYMPOSIUM No. 9602, 1996年。氷雪路でのゴムの摩擦力については、〔野原大輔「冬用タイヤの材料設計技術」『日本ゴム協会誌』第94巻，第８号，2021〕に解説があります。
21）JAF「知っていますか？スタッドレスタイヤの弱点」『JAF Mate』2011年11月号
22）ウェブサイト〔タイヤ騒音規制検討会中間とりまとめ〕で検索。タイヤ騒音規制検討会『タイヤ騒音規制検討会中間とりまとめ』国土交通省、2014年
23）JATMA『タイヤ道路騒音について』第６版、1997年。小西哲「タイヤ道路騒音の低減手法」『自動車技術』Vol. 54, No. 3, 2000
24）タイヤの振動騒音について、2020年７月時点での最新技術が〔『自動車技術』Vol. 74, No. 7, 2020〕に紹介されています。石濱正男「タイヤ振動騒音研究の焦点」、北原篤ほか「タイヤ放射音低減技術の紹介」、榊原一泰「タイヤ空洞共鳴音を効果的に低減する独自デバイスの開発」
25）井上武美「最近の舗装技術」『自動車技術』Vol. 54, No. 10, 2000。排水性舗装はポーラスアスファルトとも呼ばれ、〔富田尚隆「低騒音舗装とタイヤ道路騒音」『騒音制御』Vol. 23, No. 3, 1999〕に解説があります。
26）青木和直ほか「道路舗装の歴史と最新技術」『自動車技術』Vol. 67, No. 10, 2013
27）ウェブサイト〔日本アスファルト協会ホームページ、入門講座〕
28）久保和幸「舗装技術に関する最近の話題」『自動車技術』Vol. 67, No. 10, 2013
29）ウェブサイト〔タイヤ／路面転がり抵抗の小さな低燃費アスファルト舗装技術の開発〕石垣勉ほか「タイヤ／路面転がり抵抗の小さな低燃費アスファルト舗装技術の開発」第30回日本道路会議、2013年
30）編集委員会「アスファルト舗装とゴム」『日本ゴム協会誌』第84巻、第12号、2011年

第８章　低燃費タイヤの開発

１）ウェブサイト〔トヨタ企業サイト トヨタ自動車75年史〕
２）ウェブサイト〔ラベリング制度 日本自動車タイヤ協会〕
３）上野一海「走行抵抗の少ないタイヤの技術動向」『自動車技術』Vol. 34, No. 10, 1980
４）渡邉徹郎『タイヤのおはなし』改訂版、日本規格協会、2002年
５）清水直明「タイヤ」『自動車技術』Vol. 36, No. 6, 1982
６）JATMA『タイヤの知識』日本自動車タイヤ協会、2015年
７）五嶋教夫「タイヤと燃費について」『自動車技術』Vol. 32, No. 5, 1978

8）服部六郎『タイヤの話』大成社、1986年
9）池田裕子ほか『ゴム科学』朝倉書店、2016年。中島幸雄氏によってタイヤの形状と構造設計の歴史が簡潔にまとめられています。スーパーコンピューターの活用以前のタイヤ形状理論については〔吉村信哉「タイヤの形状力学について」『日本ゴム協会誌』第50巻、第3号、1996年〕に解説があります。また、低燃費タイヤの設計技術については〔吹田晴信「最近のタイヤ転がり抵抗低減化技術」『自動車技術』Vol. 62, No. 3, 2008〕に述べられています。
10）有限要素法(Finite Element Method略称FEM)は複雑な構造の物体を三角形、四角形などの単純な要素に細分化し、それぞれの要素の挙動を連立方程式に組み立て、全体の状態をコンピューターを利用して計算し解析する方法です。工業製品の一部に力を加えると歪みが生じて形が変わり、その機能が損なわれることがあります。製品に加わる応力や変形は材料力学に基づいて計算すれば求めることができるので、ある部分に力が加わったとき、変形が最小になるように各部分の形や剛性を決める方法としてFEMが開発されました。タイヤの場合、ゴム・繊維・金属というまったく性質の異なった材料の組み合わせで、しかもゴムが大きく伸び縮みするため、その計算式は極めて複雑です。膨大な量の計算が必要で、タイヤの形状・構造を決める手段としてはスーパーコンピューターの導入を待たなくてはなりませんでした。
11）中島幸雄「タイヤの形状設計技術」『日本ゴム協会誌』第69巻、第11号、1996年。中島幸雄「新タイヤ基盤技術(DONUTS)」『自動車技術』Vol. 50, No. 2, 1996
12）加部和幸「ゴム製品設計力学における最近の技術の進歩」『日本ゴム協会誌』第81巻、第7号、2008年
13）配合ゴムのヒステリシスロスと振動周波数の関係については〔海藤博幸ほか「ゴム配合による摩擦係数のコントロール」『日本ゴム協会誌』第74巻、第4号、2001年〕に詳しい解説があります。
14）Bosch『Automotive Handbook』 9 th Edition, 2014年より作成
15）堤文雄ほか「スズカップリング溶液重合スチレンブタジエンゴムの開発」『日本ゴム協会誌』第63巻、第5号、1990年。図は掲載の図より作成
16）斉藤章「溶液重合SBR」『日本ゴム協会誌』第71巻、第6号、1998年
17）石川泰弘ほか「ゴムの材料設計技術」『日本ゴム協会誌』第69巻、第11号、1996年
18）編集委員会「ゴムは充てん剤で強くなる 充てん剤の化学」『日本ゴム協会誌』第76巻、第11号、2003年
19）比留間雅人ほか「タイヤに関する革新的な技術」『自動車技術』Vol. 59, No. 1, 2005年
20）永田伸夫「分子末端変性ゴムの動的特性改良」『日本ゴム協会誌』第62巻、第10号、1998年

21）村上凌ほか「転がり抵抗低減のための材料技術」『日本ゴム協会誌』第73巻、第２号、2000年
22）小澤洋一ほか「タイヤにおける環境対応型新材料技術」『日本ゴム協会誌』第77巻、第６号、2004年
23）市野智之「ゴム用シランカップリング剤」『日本ゴム協会誌』第82巻、第２号、2009年
24）藤巻達雄ほか「最近の特許に見るシリカ補強ポリマー」『日本ゴム協会誌』第71巻、第９号、1998年
25）土井昭政「タイヤにおける最近の技術動向」『日本ゴム協会誌』第71巻、第９号、1998年
26）松田孝昭「スチレン・ブタジエンゴムの最近の技術動向」『日本ゴム協会誌』第78巻、第２号、2005年
27）ウェブサイト〔Spring-８〕。施設の利用方法については「竹中幹人「各種散乱法を用いたソフトマテリアルの階層構造の解析」『日本ゴム協会誌』第84巻、第１号、2011年」に解説があります。
28）曽根卓男ほか「低燃費タイヤを指向した末端変性溶液重合SBRに関する研究」『日本ゴム協会誌』第83巻、第４号、2010年
29）網野直也「タイヤの摩擦と転がり抵抗」『日本ゴム協会誌』第88巻、第２号、2015年
30）馬渕貴裕「高い安全性を有する次世代タイヤ」『自動車技術』Vol. 74, No. 3, 2020

第９章　様々なタイヤ

１）ウェブサイト〔乗用車市場動向調査〕日本自動車工業会『2017年度乗用車市場動向調査』2018年
２）カローラとフォルクスワーゲンゴルフのタイヤサイズ・リム・ホイールについては2020年８月現在の各車電子カタログのデータを記載しました。タイヤの市販価格はタイヤメーカー各社のカタログに記載されている希望小売価格から推定した参考値です。
３）違法改造車には反則金や免許の違反点数はなく、ユーザー、改造を行った業者ともに犯罪者として６ヶ月以下の懲役、または30万円以下の罰金が賦課されます。
４）モータースポーツ用タイヤについての基礎的な知識の概要は〔馬庭孝司『ドライバーのためのタイヤ工学入門』グランプリ出版、1989年〕にまとめました。レース用タイヤについては〔秋山一郎「レース用タイヤの特性」『自動車技術』Vol. 67, No. 4, 2013〕に解説があります。最新の情報は、毎年夏に発行される『自動車技術』の“特集：年鑑”号「モータースポーツ」の項に掲載されています。
５）渡邉徹郎『タイヤのおはなし改訂版』日本規格協会、2002年
６）JATMA『タイヤの知識』日本自動車タイヤ協会、2015年

7）酒井秀男ほか「乗用車用スペア専用タイヤについて」『自動車技術』Vol. 34, No. 3, 1980年
8）玉置昭夫「日本の自動車燃費規制と燃費改善の歴史」『自動車技術』Vol. 65, No. 11, 2011年
9）JAF「タイヤのパンク、10年前から約10万件増！トラブル防止のため定期的な点検を」『JAF本部広報』2018-53、2019年03月08日。%の数値は小数点以下を四捨五入しています。
10）ウェブサイト〔タイヤのパンクに関するアンケート調査〕で検索
11）松田明「タイヤ空気圧警報装置」『自動車技術』Vol. 33, No. 10, 1979。西村紘章「タイヤ圧警報・表示装置の動向」『自動車技術』Vol. 38, No. 11, 1984。河井弘之ほか「タイヤ空気圧警報システムの開発」『自動車技術』Vol. 51, No. 11, 1997
12）楠秀樹「タイヤ空気圧監視システム関連の規格化の検討」『自動車技術』Vol. 59, No. 9, 2005
13）堺憲一『だんぜんおもしろいクルマの歴史』NTT出版、2013年
14）ウェブサイト〔トヨタ自動車75年史〕
15）今井祥雄「安全タイヤ」『自動車技術』Vol. 28, No. 5, 1974。服部六郎『タイヤの話』大成社、1986年
16）比留間雅人ほか「タイヤに関する革新的な技術」『自動車技術』Vol. 59, No. 1, 2005
17）日本自動車工業会の『2019年度乗用車市場動向調査』（2020年３月）によると、「乗用車の主運転者における女性の比率の増加が継続し、主運転者のほぼ半数を占め」ており、また「60歳以上の高齢者層比率は３割強を占める」ということです。
18）ウェブサイト〔BMW承認タイヤ〕
19）ウェブサイト〔クルマを一変させる「CASE」って何だ？〕日経ビジネス電子版、1016年
20）森永啓詩ほか「タイヤセンサを使った路面状態判定システムの開発」『自動車技術』Vol. 65, No. 12, 2011
21）川崎裕章「タイヤがセンサーになる～新しいタイヤセンシングシステム～」第251回ゴム技術シンポジウム、基礎から応用技術でみるゴムのトライボロジー（Ⅲ）、日本ゴム協会トライボロジー研究分科会、2019年
22）玉野明義「タイヤの低転がり抵抗化技術」『日本ゴム協会誌』第69巻、第11号、1996年

第10章　タイヤを使いこなす

1）JATMA「ブリーディングC.B.U.と予防法」『タイヤ安全ニュース』№68、JATMA、2008年
2）日下部昇「タイヤ用補強材」『日本ゴム協会誌』第69巻、第11号、1996年

3）馬庭孝司『ドライバーのためのタイヤ工学入門』グランプリ出版、1989年
4）日本自動車タイヤ協会「全国のドライバー2000人に聞く、タイヤの空気圧点検実態調査」『JATMAニュース』No. 1236, 2020年4月7日
5）JATMA『自動車用タイヤの選定、使用、整備基準』2020、乗用車タイヤ編、日本自動車タイヤ協会、2020年
6）剣菱浩「ゴムのガス透過性」『日本ゴム協会誌』第53巻、第12号、1980年
7）Henry C Pearson『Rubber Tires and All About Them』The India Rubber Publishing Co., 1906
8）馬庭孝司「バルブからのエア漏れにご用心」『オートカー・ジャパン』4月号、第3巻第6号、ネコ・パブリッシング、2005年。図10-6は太平洋工業より提供いただいた資料に基づき、阿部忠雄氏が作図されたものです。
9）日本自動車タイヤ協会「2019年『4月8日タイヤの日』タイヤ点検結果」『JATMAニュース』No. 1227, 2019年5月14日。タイヤの日は、より多くのドライバーにタイヤへの関心を高めてもらい、交通安全対策の推進を行うことを目的として2000(平成12)年にJATMAをはじめタイヤ販売関係の3団体によって創設されました。例年全国のタイヤ販売店で一斉にタイヤの無料点検が行われるほか、様々なタイヤ関連行事が執り行われています。
10）経済産業省『揮発油販売業者数及び給油所数の推移(登録ベース)』令和2年7月31日
11）日本エネルギー経済研究所石油情報センター『セルフSS出店状況調査結果について(平成30年3月末現在)』平成30年7月31日
12）JAF「見た目や運転で分かる？タイヤの空気圧低下」『JAF Mate』2015年11月号

タイヤ技術関係書籍（発行順）

1）自動車用タイヤの知識と特性：馬庭孝司、山海堂、1979年
2）自動車工学全書12タイヤ、ブレーキ：自動車工学全書編集委員会、山海堂、1980年
3）自動車タイヤ工学(上・下)：V.L.ビーデルマン、貞政忠利訳、現代工学社、1980年
4）高性能タイヤの研究：京極正明・馬庭孝司、山海堂、1983年
5）タイヤの話：服部六郎、大成社、1986年
6）タイヤ工学：酒井秀男、グランプリ出版、1987年
7）タイヤ百科：ブリヂストン広報室、東洋経済新報社、1987年
8）ドライバーのためのタイヤ工学入門：馬庭孝司、グランプリ出版、1989年
9）タイヤの科学：御堀直嗣、講談社、1992年
10）タイヤのおはなし：渡邉徹郎、日本規格協会、1994年
11）自動車用タイヤの研究：横浜ゴム株式会社、山海堂、1995年
12）走りを支えるタイヤの秘密：酒井秀男、裳華房、2000年
13）高性能タイヤ理論：御堀直嗣、山海堂、2002年
14）自動車用タイヤの基礎と実際：株式会社ブリヂストン、山海堂、2006年
15）タイヤのすべてがわかる本：ベストカー、三推社・講談社、2008年
16）タイヤのテクノロジー：モーターファン・イラストレーテッド、Vol.34、三栄書房、2009年
17）タイヤ技術の系統化：石川泰弘、国立科学博物館、2011年
18）タイヤの技術：自動車技術、Vol.67、№４、2013年
19）タイヤの解剖：モーターファン・イラストレーテッド、Vol.106、三栄書房、2015年

索引 （太字はその用語をメーンで用いているページ）

〈著者紹介〉

馬庭孝司（まにわ・たかし）

1937年島根県出雲市生まれ。大阪府立大学工学部応用化学科卒業。

1961年より住友ゴム工業（株）に勤務し、主に新車用タイヤ及びモータースポーツ用タイヤの開発と技術サービス関係業務を歴任。1996年よりタイヤ工房やくも主宰、タイヤジャーナリスト。自動車技術会、日本ゴム協会会員。

著書に『自動車用タイヤの知識と特性』（山海堂）、『ドライバーのためのタイヤ工学入門』（グランプリ出版）など、共著に『高性能タイヤの研究』（山海堂）、『ムーバス快走す』（ぎょうせい）など、編著に『グランプリ自動車用語辞典』（グランプリ出版）などがある。

低燃費のための **タイヤの基礎知識**

著　者　馬庭孝司

発行者　山田国光

発行所　株式会社グランプリ出版

〒101-0051　東京都千代田区神田神保町1-32

電話 03-3295-0005㈹　FAX 03-3291-4418

印刷・製本　モリモト印刷株式会社